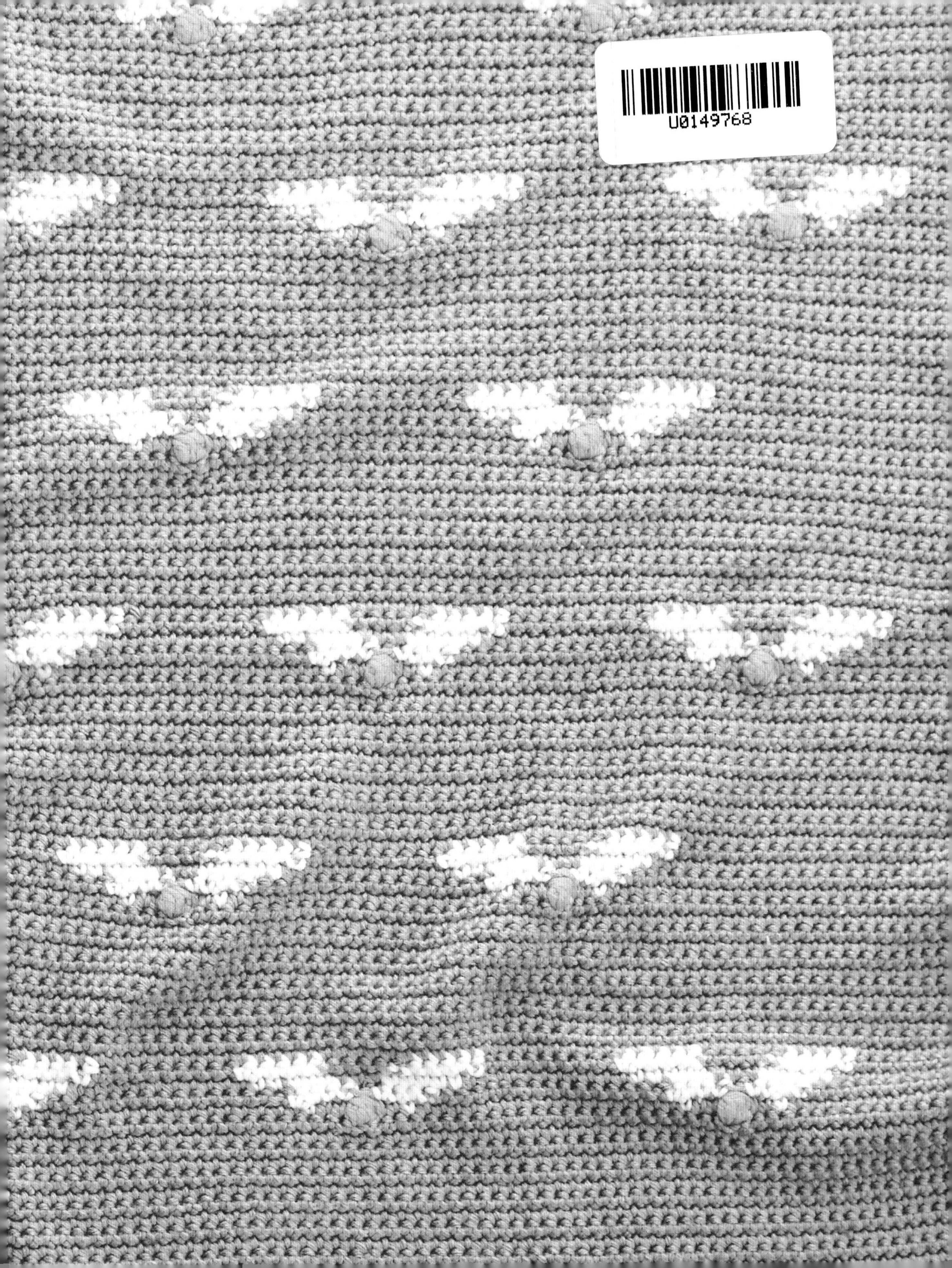

FROM THE FILMS OF

Harry Potter

CROCHET WIZARDRY

哈利·波特魔法钩针

◆◇◆ 哈利·波特官方钩针教程书 ◆◇◆

LEE SARTORI

［加］李·萨托里／著
柚柚茶／译

中国纺织出版社有限公司

前言 FORWORD

对于世界各地的"哈迷"朋友来说，"哈利·波特"系列电影是一代人青春的记忆，伴随我们的成长。它让我们沉浸在一个由魔法学院、神奇生物、奇妙物品、魔法师和麻瓜组成的奇幻世界中，讲述关于冒险、友谊和爱情的故事。而当编织艺术家们观看"哈利·波特"系列电影时，发生了一些"特别"的事情。随着魔法的展开，玩偶艺术家们开始想象如何使用手中的针线钩出这些神奇的生物；服装编织者们开始观察他们最喜欢的角色的服装配饰，仔细推断它们的构造；毯子的灵感也从一个个魔法物品中迸发。

这本由华纳兄弟娱乐公司官方出品的钩针编织书便应运而生，它的灵感全部源于"哈利·波特"系列电影。让我们随着本书，探索令人心动和令人钦佩的钩编玩偶作品(如福克斯和分院帽)，收获令人惊叹的服装复刻品(如露娜的短款开衫)，又或是将自己置身于古董和纪念品中，寻找那些独特的物品(如陋居毯子和魔药坩埚)。

本书的每个部分都介绍了适合不同水平编织爱好者的作品，此外，读者还会在书中发现有趣的幕后故事、概念艺术图和电影剧照，有助于更好地了解制作这些经典电影的过程。

那么，要从哪个简单的作品开始呢？是邓布利多的帽子，还是多比？无论选择哪个款式，都是最好的开始。挑选一个舒适的环境，泡一杯暖暖的热饮，准备好工具和材料，开始施展钩针的魔法吧！

目录 CONTENTS

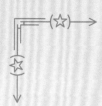
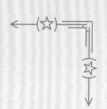

飞来！钩编玩偶

钩编和填充的生灵和角色

"请不要讲话。今天让你们大开眼界。
这堂课很精彩。跟我来。"

鲁伯·海格　电影《哈利·波特与阿兹卡班的囚徒》

基础针法
视频讲解
[不含特殊针法]

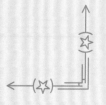

分院帽
THE SORTING HAT

设计：李·萨托里（Lee Sartori）

难度系数 ⚡⚡⚡

在"哈利·波特"系列电影中，分院帽是一件有感知能力的魔法物品，在新生入学第一天的晚上，它负责将学生们分到霍格沃茨四大学院。分院帽在电影中的最初构想是在演员的头顶上放置模型。然而，在场景中对模型进行测试后，制片团队一致认为数字技术是使帽子活动起来最佳的解决方案。我们最终在电影中看到的帽子是由茱迪安娜·马科夫斯基（Judianna Makovsky）设计的皮革作品和数字技术的结合效果。而视觉特效总监罗伯特·莱加托（Robot Legato）提出疑问："它从哪里说话？"导演克里斯·哥伦布（Chris Columbus）看着莱加托说："她做的帽子，而你负责让帽子说话。"

这款分院帽的编织作品从上到下使用多种针法环形钩编而成。随着编织工作的进行，将帽子弯曲和折叠，完善分院帽形状特征的细节，包括粗大而富有表现力的眉毛、深陷的眼睛和占据整个帽檐的宽大嘴巴。最后，在帽檐的最后一圈穿入金属线以保持边缘形状。请准备好被分院帽分配到属于你的霍格沃茨学院吧！

尺码
均码

完成尺寸
帽檐周长：84cm
高度（不包括帽檐）：39.5cm

毛线
LION BRAND YARN Heartland Yarn，#4粗（100%腈纶，230m/142g/团）
#126红杉色，3团

钩针
- 4mm钩针或达到编织密度所需型号

辅助材料和工具
- 记号扣
- 缝针
- 1卷手工金属线
- 10cm宽粗麻布带

编织密度
- 使用4mm钩针钩短针
  10cm×10cm =18针×20行

[注]
- 除非另有说明，否则帽子是连续环形钩编的。使用记号扣标记钩编的圈数。
- 当需要连接时，在该圈的第1针顶部钩引拔针。
- 帽子自上而下钩编。

特殊针法
外钩短针：围着指定的针柱从前到后再到前插入钩针，绕线并钩出1个线圈，绕线并从所有线圈中钩出。

嘴部嵌入物

第1圈：30针锁针，跳过1针，在第2针锁针上和之后每一针锁针上钩中长针，在最后1针锁针上钩3针中长针；旋转织片，在起针锁针下侧入针，钩28针中长针，在起针锁针下侧最后1针锁针上钩3针中长针，连接（计作62针）。

第2圈：1针锁针，[30针中长针，中长针1针分2针]重复2次，连接（计作64针中长针）。

第3~6圈：1针锁针，64针中长针，连接。打结收尾。将嘴部嵌入物放在一旁。

帽子主体

第1圈：2针锁针，跳过1针，在第2针锁针上钩3针短针（计作3针）。

第2圈：[短针1针分2针]重复3次（计作6针）。

第3圈：[短针1针分2针，1针短针]重复3次（计作9针）。

第4圈：[短针1针分2针，2针短针]重复3次（计作12针）。

第5圈：[短针1针分2针，3针短针]重复3次（计作15针）。

第6圈：[短针1针分2针，4针短针]重复3次（计作18针）。

第7~13圈：18针短针。

第14圈：18针外钩短针（计作18针外钩短针）。

第15圈：[短针1针分2针]重复18次（计作36针）。

第1个褶皱

第16圈：36针外钩中长针（计作36针）。

向上折叠，折向帽子尖。不要翻面。继续钩第1个褶皱。

第17圈：[4针短针，短针2针并1针]重复6次（计作30针）。

第18圈：[3针短针，短针2针并1针]重复6次（计作24针）。

第19圈：[中长针1针分2针，3针中长针]重复6次（计作30针）。

第20圈：[中长针1针分2针，4针中长针]重复6次（计作36针）。

第21圈：36针中长针。

向下折叠，完成第1个褶皱。

第22圈：36针短针（计作36针）。

短行

在已钩好的最后1针放置记号扣。

第1行（正面）：12针短针，翻面（计作12针）。

第2~5行：1针锁针，12针短针，翻面。

第6行（反面）：1针锁针，12针短针，不翻面（反面朝向自己）；朝向放置记号扣的方向，在每行的行尾，均匀地在5行的末端钩5针短针，在标记针上引拔连接，翻面（计作17针）。

第23圈（正面）：1针锁针，织物正面朝向自己，在挂记号扣那针内钩1针短针，将这针短针标记为这一圈的起始位置，沿下面5行短针的末端向上钩5针短针，沿短行上端钩12针短针，再向下沿短行的另一末端向下钩5针短针，在剩下的23针上钩短针（计作46针）。

第24~29圈：46针短针。

第30圈：短针1针分2针，45针短针（计作47针）。

第31圈：短针1针分2针，46针短针（计作48针）。

第32圈：48针中长针。

第33圈：只挑后半针钩48针短针。

第34、35圈：48针短针（计作48针）。

第36圈：[短针1针分2针，7针短针]重复6次（计作54针）。

第37圈：[短针1针分2针，8针短针]重复6次（计作60针）。

第38圈：60针中长针。

第39圈：[8针短针，短针2针并1针]重复6次（计作54针）。

第40圈：54针短针。

第41圈：54针短针；不要拿掉记号扣。

眉毛

第42圈：[外钩长长针1针分2针，8针外钩长长针]重复6次，连接（计作60针）。

第43圈：[外钩长长针1针分2针，9针外钩长长针]重复6次（计作66针）。

打结收尾。

短行

从第41圈做标记的那针开始，从放置记号扣那针向右数15针，拿掉记号扣，在与之前一组12针短行对齐的位置放置每圈起始针的记号扣。

第1行：在第41圈上钩12针短针，翻面（计作12针）。

第2~5行：1针锁针，12针短针，翻面（计作12针）。

第6行：1针锁针，12针短针，不翻面（反面朝向自己）；朝向放记号扣的方向，在前面5行每行的末端钩5针短针，在标记针上引拔连接，翻面（计作17针）。

第44圈：分别沿着短行末端和短行的上端钩1圈，64针短针（计作64针）。

"不好办哪。这可真是太难办了。你很有勇气。

而且心眼也不坏。才华横溢，没错。

还极其渴望证明你自己。可把你分在哪儿呢？"

分院帽 电影《哈利·波特与魔法石》

眼睛、鼻子和嘴

第45圈：35针短针，[1针长针，长长针1针分2针，长长针1针分3针，长长针1针分2针，1针长针]，4针中长针，[1针长针，长长针1针分2针，长长针1针分3针，长长针1针分2针，1针长针]，15针短针（计作72针）。

第46圈：35针短针，9针长长针，4针短针，9针长长针，15针短针（计作72针）。

第47圈：[短针1针分2针，11针短针]重复3次，短针1针分2针，7针短针，4针中长针，[短针1针分2针，11针短针]重复2次（计作78针）。

第48圈：48针短针，1针中长针，[中长针1针分2针]重复2次，1针中长针，26针短针（计作80针）。

第49圈：48针短针，1针中长针，[中长针1针分2针]重复4次，1针中长针，26针短针（计作84针）。

第50圈：只挑后半针钩[短针1针分2针，13针短针]重复3次，短针1针分2针，5针短针，10针中长针，短针1针分2针，13针短针，短针1针分2针，11针短针（计作90针）。

将眼睛向内推，形成凹陷。

第51圈：[短针1针分2针，14针短针]重复6次（计作96针）。

第52圈：[短针1针分2针，15针短针]重复6次（计作102针）。

第53圈：102针短针。

第54圈：[短针1针分2针，16针短针]重复6次（计作108针）。

第55圈：108针短针。

第56圈：[短针1针分2针，17针短针]重复6次（计作114针）。

第57圈：62针短针，32针外钩中长针（形成上嘴唇），20针短针（计作114针）。

将嘴部嵌入物插入，与上嘴唇的32针平行。使用记号扣，将嘴部嵌入物沿着上嘴唇固定在正确的位置。

第58圈：62针短针，沿着嘴部嵌入物的下部钩32针中长针，跳过32针，钩20针短针（计作114针）。

反面朝向自己，用一段线将嘴部嵌入物其余的32针引拔至第57圈没钩的

32针。将嘴部嵌入物向内推进，形成一个凹陷的口袋。

第59圈：[短针1针分2针，18针短针]重复6次（计作120针）。

第60圈：120针短针。

第61圈：[短针1针分2针，19针短针]重复6次（计作126针）。

第62圈：[短针1针分2针，20针短针]重复6次（计作132针）。

第63圈：[短针1针分2针，21针短针]重复6次（计作138针）。

第64圈：[短针1针分2针，22针短针]重复6次（计作144针）。

第65圈：[短针1针分2针，23针短针]重复6次（计作150针）。

第2个褶皱

第66圈：[中长针1针分2针，24针中长针]重复6次（计作156针）。

第67圈：[中长针1针分2针，25针中长针]重复6次（计作162针）。

第68圈：[中长针1针分2针，26针中长针]重复6次（计作168针）。

第69圈：[26针短针，短针2针并1针]重复6次（计作162针）。

第70圈：[25针短针，短针2针并1针]重复6次（计作156针）。

第71圈：[24针短针，短针2针并1针]重复6次（计作150针）。

将中长针的3圈向下折叠成一个褶皱。

第72、73圈：150针短针。

第74圈：150针外钩短针。

第75~77圈：重复第66~68圈。

第78圈：只挑后半针钩168针短针（计作168针）。

帽檐

[注]一边钩编一边进行拉伸和塑型。

第79圈：[短针1针分2针，27针短针]重复6次（计作174针）。

第80圈：[短针1针分2针，28针短针]重复6次（计作180针）。

第81圈：[短针1针分2针，29针短针]重复6次（计作186针）。

第82圈：[15针短针，短针1针分2针，15针短针]重复6次（计作192针）。

第83圈：[15针短针，短针1针分2针，16针短针]重复6次（计作198针）。

第84圈：[短针1针分2针，32针短针]重复6次（计作204针）。

第85圈：[短针1针分2针，33针短针]重复6次（计作210针）。

第86圈：[15针短针，短针1针分2针，19针短针]重复6次（计作216针）。

第87圈：[15针短针，短针1针分2针，20针短针]重复6次（计作222针）。

第88圈：[短针1针分2针，36针短针]重复6次（计作228针）。

第89圈：[短针1针分2针，37针短针]重复6次（计作234针）。

第90圈：[15针短针，短针1针分2针，23针短针]重复6次（计作240针）。

第91圈：[15针短针，短针1针分2针，24针短针]重复6次（计作246针）。

第92圈：246针中长针。

第93圈：将金属线与织物边缘对齐，把金属线钩进去，246针中长针。

第94圈：246针逆短针。

打结收尾。

收尾

将线头藏缝。

用缝针和毛线将一条25.5cm长的粗麻布带分别缝在帽檐和帽身连接处的左内侧和右内侧。将布带末端剪成V形。布带应该悬挂在耳朵边上，两端的布条应该刚好落在肩膀上。

福克斯
FAWKES

设计：埃米·斯卡加（Emmy Scanga）

难度系数 ⚡⚡⚡

福克斯是一只凤凰，也是一种极为强大的神奇生物，它会在死的时候燃烧，然后从灰烬中重生，所以也被称为"不死鸟"。它是邓布利多教授心爱的宠物，在电影中的几个危急时刻为他和哈利提供了帮助。福克斯的眼泪可以治愈伤口，羽毛也具有神奇的特性，哈利和伏地魔的魔杖杖芯都来自福克斯的羽毛。

在设计福克斯时，概念艺术家亚当·布罗克班克（Adam Brockbank）从古典神话对凤凰的描绘中汲取灵感，并结合对现实生活中鸟类的观察。"毫无疑问，福克斯应该是火的颜色，"布罗克班克说，"所以它的头部主要是深橙色和深红色，腹部则以金色为主。"

这只福克斯编织玩偶捕捉到它的成长阶段。奢华的羽冠衬托出它深邃而睿智的眼睛。它还拥有一对可以活动的翅膀和一组美丽的长尾羽，尾羽从身后展开。胸前添加了一些画龙点睛的刺绣，让邓布利多教授的这只心爱的宠物栩栩如生。

尺码
均码

完成尺寸
高度： 23cm
宽度： 23cm

毛线
CASCADE YARNS 220 Merino，#4 粗
（100% 美丽奴羊毛，200m/100g/ 团）
线 A: #09 正红色，1 团
线 B: #43 黄水仙，1 团
线 C: #34 肉豆蔻，1 团
线 D: #38 巧克力酱，1 团
线 E: #04 南瓜泥，1 团

钩针
• 3.25mm 钩针或达到编织密度所需型号

辅助材料和工具
• 缝针
• 珠针
• 15mm 黑色玩偶眼睛
• 填充棉

编织密度
• 使用 3.25mm 钩针钩短针
  10cm × 10cm=20 针 × 23 行
编织密度对玩偶来说并不重要，只需确保钩得足够紧实，填充棉不会从完成的玩偶中露出来即可。

- 有些部件是环形钩编的，有些是往返钩编的。环形钩编的部件连续钩织，不做引拔。
- 将每组羽毛按顺序放好，以便于组装。
- 缝纫前使用珠针移动和调整每个部件的位置。
- 有些部件需要将两根毛线捻在一起钩编，使用相同型号的钩针。
- 实物展示的福克斯的翅膀和脚上都有金属丝，这样可以摆出不同姿势。如有需要，可在缝合脚和翅膀前穿入金属丝。

特殊针法 / 用语

里山：将锁针翻转到反面；每个锁针中间的向下走的那条线。

魔术环起针法：环形起针的方法之一，打1个活结，在这个活结里钩短针起针。

身体

第1圈：使用线 A，魔术环起针法钩6针短针；不做引拔（计作6针）。

第2圈：[短针1针分2针]重复6次（计作12针）。

第3圈：[1针短针，短针1针分2针]重复6次（计作18针）。

第4圈：[1针短针，短针1针分2针]重复9次（计作27针）。

第5圈：27针短针。

第6圈：[2针短针，短针1针分2针]重复9次（计作36针）。

第7圈：36针短针。

第8圈：[5针短针，短针1针分2针]重复6次（计作42针）。

第9圈：42针短针。

第10圈：[6针短针，短针1针分2针]重复6次（计作48针）。

第11圈：18针短针，1针锁针，跳过1针，钩10针短针，1针锁针，跳过1针，钩18针短针（计作48针）。

第12圈：18针短针，在1针锁针孔眼内钩1针短针，10针短针，在1针锁针孔眼内钩1针短针，18针短针（计作48针）。

第13圈：48针短针。

第14圈：[4针短针，短针2针并1针]重复8次（计作40针）。

第15圈：[8针短针，短针2针并1针]重复4次（计作36针）。

在继续钩编之前，将玩偶眼睛放在第11圈形成的1针锁针孔眼处。

第16圈：[4针短针，短针2针并1针]重复6次（计作30针）。

第17~20圈：30针短针。

紧实地填充头部。

第21圈：[4针短针，短针1针分2针]重复6次（计作36针）。

第22圈：36针短针。

第23圈：[5针短针，短针1针分2针]重复6次（计作42针）。

第24圈：42针短针。

第25圈：[6针短针，短针1针分2针]重复6次（计作48针）。

第26~30圈：48针短针。

第31圈：[10针短针，短针2针并1针]重复4次（计作44针）。

第32圈：44针短针。

第33圈：[9针短针，短针2针并1针]重复4次（计作40针）。

第34~39圈：40针短针。

第40圈：[6针短针，短针2针并1针]重复5次（计作35针）。

第41~43圈：35针短针。

第44圈：[3针短针，短针2针并1针]重复7次（计作28针）。

第45圈：[2针短针，短针2针并1针]重复7次（计作21针）。

继续填充身体。

第46圈：[1针短针，短针2针并1针]重复7次（计作14针）。

第47圈：[短针2针并1针]重复7次（计作7针）。

打结收尾，留出一段长线尾用于缝合。缝合收口。

鸟嘴

第1圈：使用线 D，魔术环起针法钩5针短针；不做引拔（计作5针）。

第2圈：[短针1针分2针]重复2次，3针短针（计作7针）。

第3圈：[短针1针分2针]重复2次，4针短针，短针1针分2针（计作10针）。

第4圈：短针1针分2针，1针短针，短针1针分2针，7针短针（计作12针）

第5圈：12针短针。

剪断线 D。

第6圈：使用线 C 钩[短针1针分2针]重复3次，8针短针，短针1针分2针（计作16针）。

第7圈：9针短针，短针1针分2针，1针短针，短针1针分2针，4针短针（计作18针）。

第8圈：[2针短针，短针1针分2针]重复6次（计作24针）。

第9圈：1针短针，7针引拔针，跳过2针，12针短针，跳过2针。

引拔连接至下一圈的第1针上。打结收尾，留出一段长线尾用于将鸟嘴缝在身体上。

（下转第18页）

教授。那只鸟……我完全帮不了它。

它突然全身都着火了。

哈利·波特　电影《哈利·波特与密室》

魔法背后

　　虽然福克斯在电影中的某些场景中是通过数字技术合成的，但在其他一些场景，它是由一个可以完成各种动作的等比例大小的模型代替的。这个模型非常逼真，以至于在前两部电影中，邓布利多教授的扮演者理查德·哈里斯（Richard Harris）最初认为它是一只活生生的、受过训练的鸟。

上图：亚当·布罗克班克的福克斯概念艺术图　下图：电影《哈利·波特与密室》中哈利第一次看见凤凰福克斯的场景

（上接第16页）

眼眶
（制作2个）

使用线C钩8针锁针。打结收尾。将锁针连接成环。

腿（制作2个）

第1圈： 使用线A，魔术环起针法钩12针短针；不做引拔（计作12针）。

第2圈： ［2针短针，短针1针分2针］重复4次（计作16针）。

第3、4圈： 16针短针。

第5圈： ［3针短针，短针1针分2针］重复4次（计作20针）。

第6圈： ［4针短针，短针1针分2针］重复4次（计作24针）。

第7圈： ［5针短针，短针1针分2针］重复4次（计作28针）。

第8圈： 28针短针。

打结收尾，留出一段长线尾用于将腿缝到身体上。

脚（制作2个）

第1圈： 使用线C，魔术环起针法钩4针短针；不做引拔（计作4针）。

第2~6圈： 4针短针。

第7圈： ［短针1针分2针］重复4次（计作8针）。

第8圈： ［3针短针，短针1针分2针］重复2次（计作10针）。

第9圈： ［4针短针，短针1针分2针］重复2次（计作12针）。

第10、11圈： 12针短针。

第12圈： 1针短针，跳过4针，2针短针，跳过4针，1针短针（计作4针）。

第13~17行（中间的脚趾）： 钩4针短针。

打结收尾。缝合脚趾。

［注］脚部不是必须填充。

制作其他2个脚趾，在中间脚趾的两侧，第12行跳过的地方连接4个短针。重复第13~17行。

打结收尾，缝合2个脚趾。将线头藏在脚内。

翅膀（制作2个）

第1圈： 使用线A，魔术环起针法钩6针短针；不做引拔（计作6针）。

第2圈： ［短针1针分2针］重复6次（计作12针）。

第3圈： ［1针短针，短针1针分2针］重复6次（计作18针）。

第4圈： 18针短针。

第5圈： ［2针短针，短针1针分2针］重复6次（计作24针）。

第6圈： ［3针短针，短针1针分2针］重复6次（计作30针）。

第7圈： 30针短针。

第8圈： ［4针短针，短针1针分2针］重复6次（计作36针）。

第9圈： ［5针短针，短针1针分2针］重复6次（计作42针）。

第10~13圈： 42针短针。

［注］现在需要通过在里山上钩编来制作羽毛；不要跳过钩针上第1针的里山。可能需要将最后1针锁针钩得松一些，以便更好入针。

第14圈： ［只挑前半针钩1针短针，11针锁针，翻面，在之后11个锁针里山上各钩1针中长针，在这圈的下一针上只挑前半针钩1针短针］重复3次，［只挑前半针钩1针短针，9针锁针，翻面，在之后9个锁针里山上各钩1针中长针，在这圈的下一针上只挑前半针钩1针短针］重复3次，只挑前半针钩1针短针，7针锁针，翻面，在之后7个锁针里山上各钩1针中长针，在这圈的下2针上各只挑前半针钩1针短针，5针锁针，翻面，在之后5个锁针里山上各钩1针中长针，只挑前半针钩1针短针，1针短针，3针中长针，2针长针，3针中长针，1针短针，只挑前半针钩1针短针，5针锁针，翻面，在之后5个锁针里山上各钩1针中长针，只挑前半针钩2针短针，7针锁针，翻面，在

之后 7 个锁针里山上各钩 1 针中长针，只挑前半针钩 1 针短针，[只挑前半针钩 1 针短针，9 针锁针，翻面，在之后 9 个锁针里山上各钩 1 针中长针，在这圈的下一针上只挑前半针钩 1 针短针]重复 3 次，[只挑前半针钩 1 针短针，11 针锁针，翻面，在之后 11 个锁针里山上各钩 1 针中长针，在这圈的下一针上只挑前半针钩 1 针短针]重复 3 次，共 16 根羽毛。

打结收尾，留一段线尾用于缝合。

对折，使线头在一边，羽毛一个个叠在一起。放平，用线尾将没挑过的后半针缝合在一起，10 针常规针（1 针短针，3 针中长针，2 针长针，3 针中长针，1 针短针）处不做缝合，留着用于连接身体。系好固定，留出一段长线尾用于之后的组装。如有需要，可以稍微填充。

胸部 V 形

[注]翻面后不钩第 1 针锁针起立针；每一行直接在钩针的第 1 针上钩编。

使用线 B 钩 19 针锁针。

第 1 行：在每一个锁针里山上钩（不要跳过第 1 个锁针里山），在下 9 个锁针里山上各钩 1 针短针，在下一个锁针里山上钩短针 1 针分 3 针，在下 9 个锁针里山上各钩 1 针短针，翻面（计作 21 针）。

第 2 行：短针 2 针并 1 针，8 针短针，短针 1 针分 3 针，8 针短针，短针 2 针并 1 针，翻面（计作 21 针）。

第 3~11 行：重复第 2 行。

第 12 行：短针 2 针并 1 针，8 针短针，短针 1 针分 2 针，8 针短针，短针 2 针并 1 针（计作 20 针）。

打结收尾，留出一段长线尾用于将该部分缝在身体上。

头部羽毛

[注]每一行是一根羽毛。

羽毛 A（使用线 B、线 E 和线 A 各制作 1 个）

第 1 行：5 针锁针，翻面，在锁针里山

上钩 3 针中长针，2 针短针。

第 2 行：7 针锁针，翻面，在锁针里山上钩 5 针中长针，2 针短针。

第 3、4 行：重复第 2 行。

第 5 行：重复第 1 行。

打结收尾，留出一段长线尾用于将头部羽毛缝合至头部。

羽毛 B（使用线 A 制作 1 个）

第 1 行：11 针锁针，翻面，在锁针里山上钩 7 针长针，3 针中长针。

第 2 行：7 针锁针，翻面，在锁针里山上钩 1 针短针，4 针长针，2 针中长针。

第 3~5 行：重复第 2 行。

第 6 行：重复第 1 行。

打结收尾，留出一段长线尾用于将羽毛 B 缝合至头部。

羽毛 C（使用线 A 制作 1 个）

第 1 行：9 针锁针，翻面，在锁针里山上钩 1 针短针，8 针长针。

第 2~5 行：重复第 1 行。

打结收尾，留出一段长线尾用于将羽毛 C 缝合至头部。

羽毛 D（使用线 A 制作 1 个）

第 1 行：18 针锁针，翻面，在锁针里山上钩 1 针短针，1 针中长针，12 针长针，4 针中长针。

第 2~4 行：重复第 1 行。

打结收尾，留出一段长线尾用于将羽毛 D 缝合至头部。

羽毛 E（使用线 A 和线 D 两股线捻在一起制作 1 个）

第 1 行：18 针锁针，翻面，在锁针里山上钩 1 针短针，12 针长针，3 针中长针，2 针短针。

第 2、3 行：重复第 1 行。

打结收尾，留出一段长线尾用于将羽毛 E 缝合至头部。

羽毛 F（使用线 B 制作 2 个）

第 1 行：2 针锁针，翻面，在锁针里山上钩 1 针中长针，1 针短针。

第 2 行：3 针锁针，翻面，在锁针里山上钩 1 针中长针，2 针短针。

第 3 行：重复第 1 行。

打结收尾，留出一段长线尾用于将羽毛 F 缝在眼眶周围。

翅膀羽毛

[注]每一行是一根羽毛。

羽毛 G（使用线 B 制作 2 个）

第 1 行：11 针锁针，翻面，在锁针里山上钩 1 针短针，10 针中长针。

第 2 行：重复第 1 行。

第 3 行：7 针锁针，翻面，在锁针里山上钩 1 针短针，6 针中长针。

第 4 行：5 针锁针，翻面，在锁针里山上钩 5 针中长针。

打结收尾，留出一段长线尾用于将翅膀羽毛缝在翅膀下侧。

尾巴羽毛

羽毛 H（使用线 A 制作 1 个）

第 1 行：13 针锁针，翻面，在锁针里山上钩 1 针短针，11 针长针，1 针中长针。

第 2、3 行：重复第 1 行。

第 4 行：20 针锁针，翻面，在锁针里山上钩 1 针短针，18 针长针，1 针中长针。

第 5~7 行：重复第 4 行。

第 8~10 行：重复第 1 行。

打结收尾，留出一段长线尾用于将羽毛缝在身体上。

羽毛 I（使用线 E 制作 1 个）

第 1 行：30 针锁针，翻面，在锁针里山上钩 1 针短针，28 针长针，1 针中长针。

第 2~6 行：重复第 1 行。

打结收尾，留出一段长线尾用于将羽毛缝在身体上。

羽毛 J（用线 E 和线 D 两股线捻在一起制作 1 个）

第 1 行：30 针锁针，翻面，在锁针里

山上钩3针短针，26针长针，1针中长针。

第2~4行：重复第1行。

打结收尾，留出一段长线尾用于将羽毛 J 缝在身体上。

羽毛 K（用线 B 和线 D 两股线捻在一起制作1个）

第1行：38针锁针，翻面，在锁针里山上钩3针短针，35针长针。

第2行：重复第1行。

打结收尾，留出一段长线尾用于将羽毛缝在身体上。

组装

眼眶

将毛线环打结的一端放在内眼角。使用线尾，将锁针里山每隔一针缝到眼睛的边缘。另一只眼眶用同样的方法缝合。

喙

将喙放在两只眼睛之间，并直接沿着头部的第14圈缝合引拔连接之后的前6针。在两只眼睛之间将喙的上部缝合成倒置的 U 形。用填充棉进行填充，然后缝合开口。

腿

将腿部的线尾与身体的最后一圈对齐。用珠针固定。腿部另一侧的外边缘应放在身体上部倒数第9圈处。这将在身体的前面和后面形成一个 V 形，以便对齐尾部羽毛和胸部织片。将腿连接到身体一侧的下部，填充后缝合腿。

脚

腿在连接到身体之后，会指向外侧。将脚直接放在腿的下方，这样凤凰可以自己站起来。使用珠针辅助对齐脚。使用线 C，将脚缝至腿上。

胸部 V 形

将胸部 V 形底部顶点的一端放在两条腿的中间，与缝合腿时形成的 V 形对齐。将胸部 V 形上部的 2 个顶点与身体两侧对齐。使用线尾，将胸部 V 形缝到腹部。

［注］在继续组装之前，强烈建议对所有剩余部件（所有羽毛和翅膀）定型，以防羽毛过度卷曲。

翅膀

使用缝合翅膀开口留下的线尾，将剩余的10针缝合在身体上，位置在第20圈和第23圈之间，在胸部 V 形点的上方。

翅膀羽毛

将羽毛 G 缝在翅膀下面。G 中较长的羽毛应与翅膀外边缘对齐，G 中较短的羽毛应更靠近身体。使用羽毛 G 的线尾缝合羽毛的根部。粗缝每个羽毛的中央。将线尾打结后藏在翅膀里。

眼部羽毛

将羽毛 F 与眼睛外半部分对齐，靠近眼眶。不要遮盖住眼眶。使用线尾缝合至每只眼睛的位置。将线尾打结后藏在身体中。

头部羽毛

所有羽毛应按组从根部缝合到身体上，羽毛不要完全缝合。将羽毛 A（线 B）直接缝在两只眼睛之间的喙的顶部。所有其他头部羽毛都应放在这第一组羽毛的后面。在缝合之前，使用珠针固定以确定位置。从羽毛 A（线 B）开始到后脑勺，按如下顺序缝合：

羽毛 A（线 B，缝在鸟嘴上，5根羽毛）

羽毛 A（线 E，5根羽毛）

羽毛 A（线 A，5根羽毛）

羽毛 B（线 A，6根羽毛）

羽毛 C（线 A，5根羽毛）

羽毛 D（线 A，4根羽毛）

羽毛 E（线 A 和线 D，3根羽毛）

使用每组羽毛的线尾将羽毛的根部缝合。将线尾打结并藏在身体中。

尾巴羽毛

所有羽毛都应按组从根部缝合在身体的后背部，羽毛不要完全缝合。将羽毛 K 直接缝在后背安装腿部时形成的 V 形的底部顶点。

其他羽毛的线尾都放在这第一组羽毛的上部。在缝合之前，使用珠针固定以确定位置。从最底部的靠近腿的羽毛 K 到身体后背最上端的羽毛，按如下顺序缝合：

羽毛 K（线 B 和线 D，2根羽毛，缝在两腿之间的中心）

羽毛 J（线 E 和线 D，4根羽毛，高于羽毛 K）

羽毛 I（线 E，6根羽毛，高于羽毛 J）

羽毛 H（线 A，10根羽毛，最上面的一组）

使用每组羽毛的线尾将羽毛的根部缝合。将线尾打结并藏在身体中。

其他细节

使用不同颜色的线，绣出更多的羽毛。包括使用线 B 在鸟嘴周围刺绣，将线 B 和线 E 两股线捻在一起，在胸部 V 形周围刺绣，使用线 A 在眼部羽毛周围刺绣。

麦格教授的
阿尼马格斯形态
Professor
McGonagall's
Animagus

设计：马拉那瑟·埃诺尤（Maranatha Enoiu）

难度系数 ⚡⚡

电影《哈利·波特与魔法石》中，在一年级的第一堂变形课上，哈利、罗恩和其他同学在见到麦格教授的阿尼马格斯形态——一只华丽的灰色虎斑猫时都惊呆了。不过，这并不是麦格教授第一次以这种形态出场。在电影的开头，在邓布利多教授带着还是婴儿的哈利到达德斯礼家之前，她曾以阿尼马格斯形态在女贞路观望了这家人一段时间。当麦格教授不是阿尼马格斯形态时，通常可以看到她戴着高高的女巫帽，穿着漂亮的绿色丝绒长袍。她是一位非常有天赋的女巫，严厉且公正，非常擅于管理她的学生。

这只麦格教授阿尼马格斯形态的钩编玩偶采用美丽的提花钩针编织，以表现出猫身上的虎斑花纹。它警惕地端坐着，锐利的眼神环顾周围，仿佛可以随时指出学生们的一切过错。给这只可爱的猫戴上一顶女巫帽，向麦格教授致敬。

尺寸
均码

完成尺寸
高度： 34.5cm

毛线
BERROCO Ultra Wool，#4 粗（100% 超耐水洗美丽奴羊毛，200m/100g/ 团）
线 A: #33170 花岗岩，2 团
线 B: #33113 黑胡椒，1 团
线 C: #33108 霜灰色，1 团

LION Pound of Love，#4 粗
（100% 腈纶，918m/448g/ 团）

线 D: #153 黑色，1 团

钩针
• 4mm 钩针或达到编织密度所需型号

辅助材料和工具
• 记号扣
• 缝针
• 15mm 绿色安全猫眼
• 填充棉
• 黑色棉线
• 10cm 宽椭圆形玩具眼镜

编织密度
• 使用 4mm 钩针钩短针
  10cm × 10cm=20 针 × 20 行
编织密度对玩偶来说并不重要，只需确保钩得足够紧实，填充棉不会从完成的玩偶中露出来即可。

（下转第 24 页）

（上接第 23 页）

[注]

- 在每圈结束处放置记号扣以标注每圈的开始。
- 所有部件均单独钩织，然后缝合到身体上。

特殊针法

泡芙针：针上绕线，插入钩针，绕线，拉起一个线圈，[绕线，插入钩针，绕线，拉起一个线圈]重复4次（针上有11个线圈）。绕线，然后从钩针上所有线圈内一次性拉出。

"老实说，作为巫师，你有多少时间能穿着漂亮的衣服四处走动？"

玛吉·史密斯夫人

在"哈利·波特"系列电影中饰演麦格教授

右图：在电影《哈利·波特与凤凰社》中，玛吉·史密斯（Maggie Smith）夫人饰演麦格教授

身体

从颈部开始：

使用线 A 钩 40 针锁针。在第 1 针锁针上引拔连接成环形，确保锁针没有拧起来。

第 1 圈：在环形的每一针锁针上钩 1 针短针（计作 40 针）。

第 2 圈：使用线 B 钩 3 针短针；使用线 A 钩 2 针短针；使用线 B 钩 9 针短针；使用线 A 钩 19 针短针；使用线 B 钩 7 针短针。

第 3 圈：使用线 B 钩 4 针短针；使用线 A 钩 1 针短针；使用线 B 钩 10 针短针；使用线 A 钩 17 针短针；使用线 B 钩 8 针短针。

第 4 圈：使用线 B 钩 18 针短针；使用线 A 钩 11 针短针；使用线 B 钩 11 针短针。

第 5 圈：使用线 B 钩 23 针短针；使用线 A 钩 3 针短针；使用线 B 钩 14 针短针。

第 6 圈：使用线 B 钩 4 针短针；使用线 A 钩 3 针短针，短针 1 针分 2 针，4 针短针；使用线 B 钩 3 针短针，短针 1 针分 2 针；使用线 A 钩 [7 针短针，短针 1 针分 2 针] 重复 3 次（计作 45 针）。

第 7 圈：使用线 B 钩短针 1 针分 2 针，3 针短针；使用线 A 钩短针 1 针分 2 针，3 针短针，短针 1 针分 2 针，1 针短针；使用线 B 钩 11 针短针；使用线 A 钩 16 针短针，[短针 1 针分 2 针，3 针短针] 重复 2 次（计作 50 针）。

第 8 圈：使用线 B 钩 2 针短针，[短针 1 针分 2 针] 重复 3 次；使用线 A 钩 [短针 1 针分 2 针] 重复 7 次，38 针短针（计作 60 针）。

第 9 圈：使用线 B 钩 8 针短针；使用线 A 钩 52 针短针。

第 10、11 圈：使用线 B 钩 8 针短针；使用线 A 钩 52 针短针。

第 12 圈：使用线 B 钩 8 针短针；使用线 A 钩 1 针短针，短针 1 针分 2 针，3 针短针；使用线 B 钩 6 针短针，短针 1 针分 2 针，9 针短针，短针 1 针分 2 针，6 针短针；使用线 A 钩 3 针短针，短针 1 针分 2 针，7 针短针；使用线 B 钩 2 针短针，短针 1 针分 2 针，9 针短针，短针 1 针分 2 针（计作 66 针）。

第 13 圈：使用线 B 钩 8 针短针；使用线 A 钩 2 针短针，短针 1 针分 2 针，3 针短针；使用线 B 钩 7 针短针，短针 1 针分 2 针，10 针短针，短针 1 针分 2 针，6 针短针；使用线 A 钩 4 针短针，短针 1 针分 2 针，7 针短针；使用线 B 钩 3 针短针，短针 1 针分 2 针，10 针短针，短针 1 针分 2 针（计作 72 针）。

第 14 圈：使用线 B 钩 4 针短针；使用线 A 钩 7 针短针，短针 1 针分 2 针，3 针短针；使用线 B 钩 8 针短针，短针 1 针分 2 针，11 针短针，短针 1 针分 2 针，10 针短针；使用线 A 钩 1 针短针，短针 1 针分 2 针，7 针短针；使用线 B 钩 4 针短针，短针 1 针分 2 针，11 针短针，短针 1 针分 2 针（计作 78 针）。

第 15 圈：使用线 B 钩 3 针短针；使用线 A 钩 9 针短针，短针 1 针分 2 针，1 针短针；使用线 B 钩 5 针短针；使用线 A 钩 6 针短针，短针 1 针分 2 针；使用线 B 钩 3 针短针；使用线 A 钩 5 针短针；使用线 B 钩 4 针短针，短针 1 针分 2 针，[12 针短针，短针 1 针分 2 针] 重复 3 次（计作 84 针）。

第 16 圈：使用线 B 钩 2 针短针；使用线 A 钩 11 针短针，短针 1 针分 2 针，2 针短针；使用线 B 钩 4 针短针；使用线 A 钩 7 针短针，短针 1 针分 2

针；使用线 B 钩 3 针短针；使用线 A
钩 5 针短针；使用线 B 钩 5 针短针，
短针 1 针分 2 针，[13 针短针，短针
1 针分 2 针] 重复 3 次 (计作 90 针)。
第17圈：使用线 A 钩 9 针短针；使用
线 B 钩 1 针短针；使用线 A 钩 4 针
短针，短针 1 针分 2 针，2 针短针；
使用线 B 钩 4 针短针；使用线 A 钩 8
针短针，短针 1 针分 2 针；使用线 B
钩 3 针短针；使用线 A 钩 11 针短针，
短针 1 针分 2 针，6 针短针；使用线
B 钩 1 针短针；使用线 A 钩 7 针短针，
短针 1 针分 2 针，[14 针短针，短针
1 针分 2 针] 重复 2 次 (计作 96 针)。
第18圈：使用线 A 钩 8 针短针；使用
线 B 钩 3 针短针；使用线 A 钩 7 针短
针；使用线 B 钩 4 针短针；使用线 A
钩 10 针短针；使用线 B 钩 3 针短针；
使用线 A 钩 18 针短针；使用线 B 钩
2 针短针；使用线 A 钩 41 针短针。
第19圈：使用线 A 钩 8 针短针；使用
线 B 钩 3 针短针；使用线 A 钩 8 针
短针；使用线 B 钩 4 针短针；使用线
A 钩 9 针短针；使用线 B 钩 3 针短针；
使用线 A 钩 17 针短针；使用线 B 钩
2 针短针；使用线 A 钩 42 针短针。
第20圈：使用线 A 钩 7 针短针；使用
线 B 钩 5 针短针；使用线 A 钩 9 针
短针；使用线 B 钩 4 针短针；使用线
A 钩 7 针短针；使用线 B 钩 3 针短针；
使用线 A 钩 16 针短针；使用线 B 钩
2 针短针；使用线 A 钩 43 针短针。
第21圈：使用线 A 钩 7 针短针；使用
线 B 钩 5 针短针；使用线 A 钩 9 针
短针；使用线 B 钩 4 针短针；使用
线 A 钩 7 针短针；使用线 B 钩 3 针
短针；使用线 A 钩 15 针短针；使用
线 B 钩 2 针短针；使用线 A 钩 40 针
短针；使用线 B 钩 4 针短针。
第22圈：使用线 A 钩 6 针短针；使用
线 B 钩 6 针短针；使用线 A 钩 9 针
短针；使用线 B 钩 4 针短针；使用
线 A 钩 7 针短针；使用线 B 钩 3 针
短针；使用线 A 钩 14 针短针；使用
线 B 钩 2 针短针；使用线 A 钩 41 针
短针；使用线 B 钩 4 针短针。
第23圈：使用线 A 钩 6 针短针；使用
线 B 钩 6 针短针；使用线 A 钩 9 针
短针；使用线 B 钩 4 针短针；使用
线 A 钩 7 针短针；使用线 B 钩 3 针
短针；使用线 A 钩 13 针短针；使用

线 B 钩 2 针短针；使用线 A 钩 42 针
短针；使用线 B 钩 4 针短针。
第24圈：使用线 A 钩 6 针短针；使用
线 B 钩 6 针短针；使用线 A 钩 3 针
短针，短针 1 针分 2 针，5 针短针；使
用线 B 钩 4 针短针；使用线 A 钩 6 针
短针，短针 1 针分 2 针；使用线 B 钩
3 针短针；使用线 A 钩 12 针短针；使
用线 B 钩短针 1 针分 2 针；使用线 A
钩 (15 针短针，短针 1 针分 2 针) 重
复 2 次，12 针短针；使用线 B 钩 3 针
短针，短针 1 针分 2 针 (计作 102 针)。
第25圈：使用线 A 钩 6 针短针；使用
线 B 钩 7 针短针；使用线 A 钩 3 针
短针，短针 1 针分 2 针，6 针短针；
使用线 B 钩 2 针短针；使用线 A 钩 8
针短针，短针 1 针分 2 针；使用线 B

钩 3 针短针；使用线 A 钩 12 针短针；
使用线 B 钩 1 针短针，短针 1 针分 2
针，13 针短针；使用线 A 钩 3 针短
针，短针 1 针分 2 针，16 针短针，短
针 1 针分 2 针；使用线 B 钩 16 针短
针，短针 1 针分 2 针 (计作 108 针)。
第26圈：使用线 A 钩 6 针短针；使用
线 B 钩 7 针短针；使用线 A 钩 4 针
短针，短针 1 针分 2 针，6 针短针；
使用线 B 钩 2 针短针；使用线 A 钩 9
针短针，短针 1 针分 2 针；使用线 B
钩 3 针短针；使用线 A 钩 12 针短针；
使用线 B 钩 2 针短针，短针 1 针分 2
针，14 针短针；使用线 A 钩 3 针短
针，短针 1 针分 2 针，17 针短针，短
针 1 针分 2 针；使用线 B 钩 17 针短
针，短针 1 针分 2 针 (计作 114 针)。

拔连接至标记针上。
重复第1条前腿的第1~20圈。填充第2条腿。

身体（继续钩）

[注] 边钩边填充身体。将线连接在每圈开始的标记针上，放置记号扣。

第1圈：使用线A钩6针短针；使用线B钩7针短针；使用线A钩12针短针；使用线B钩2针短针；使用线A钩11针短针；使用线B钩3针短针；使用线A钩14针短针，在第28圈的转角钩1针短针，在每1针锁针的背面钩1针短针，在第28圈的转角钩1针短针，5针短针，在第28圈的转角钩1针短针，在每1针锁针的背面钩1针短针，在第28圈的转角钩1针短针，2针短针；使用线B钩7针短针（计作93针）。

第2圈：使用线A钩6针短针；使用线B钩7针短针；使用线A钩12针短针；使用线B钩2针短针；使用线A钩11针短针；使用线B钩3针短针；使用线A钩45针短针；使用线B钩7针短针。

第3圈：使用线A钩6针短针；使用线B钩7针短针；使用线A钩12针短针；使用线B钩2针短针；使用线A钩11针短针；使用线B钩3针短针；使用线A钩25针短针，[短针2针并1针，1针短针]重复2次，短针2针并1针，12针短针；使用线B钩7针短针（计作90针）。

第4圈：使用线A钩6针短针；使用线B钩7针短针；使用线A钩12针短针；使用线B钩2针短针；使用线A钩11针短针；使用线B钩3针短针；使用线A钩24针短针，短针2针并1针，1针短针，短针2针并1针，1针短针，短针2针并1针，10针短针；使用线B钩7针短针（计作87针）。

第5圈：使用线A钩6针短针；使用线B钩7针短针；使用线A钩12针短针；使用线B钩2针短针；使用线A钩11针短针；使用线B钩3针短针；使用线A钩38针短针；使用线B钩3针短针；使用线A钩3针短针；使用线B钩2针短针。

第6圈：使用线B钩2针短针；使用线A钩6针短针；使用线B钩4针短

第27圈：使用线A钩6针短针；使用线B钩7针短针；使用线A钩12针短针；使用线B钩2针短针；使用线A钩11针短针；使用线B钩3针短针；使用线A钩66针短针；使用线B钩7针短针。

腿部分叉

第28圈：使用线A钩6针短针；使用线B钩7针短针；使用线A钩12针短针；使用线B钩2针短针；使用线A钩11针短针；使用线B钩3针短针；使用线A钩15针短针，放置记号扣，钩20针短针，10针锁针；引拔连接至标记针上。

第1条前腿

第1圈：使用线A，在每一针短针上钩1针短针，在10针锁针上钩10针（计作30针）。

第2、3圈：使用线B钩30针短针（计作30针）。

第4圈：使用线A钩[4针短针，短针

2针并1针]重复5次（计作25针）。

第5圈：[3针短针，短针2针并1针]重复5次（计作20针）。

第6圈：20针短针。

第7~10圈：使用线B钩20针短针。

第11~16圈：使用线A钩20针短针。

第17圈：使用线B钩20针短针。

如果此时还没有钩到腿的背面，继续钩短针直至腿的背面。

第18圈：使用线A钩8针短针，4针泡芙针，8针短针。

第19圈：[短针2针并1针]重复10次（计作10针）。

第20圈：[短针2针并1针]重复5次（计作5针）。

填充腿部。

第2条前腿

使用线A，将线引拔接入第28圈没钩的下一针，在引拔针相同位置钩1针短针，短针2针并1针，[1针短针，短针2针并1针]重复2次，放置记号扣，钩20针短针，10针锁针，引拔连

针；使用线 A 钩 13 针短针；使用线 B 钩 6 针短针；使用线 A 钩 6 针短针；使用线 B 钩 11 针短针；使用线 A 钩 31 针短针；使用线 A 钩 3 针短针；使用线 B 钩 2 针短针。

第 7 圈：使用线 B 钩 2 针短针；使用线 A 钩 6 针短针；使用线 B 钩 4 针短针；使用线 A 钩 5 针短针，短针 1 针分 2 针，6 针短针，短针 1 针分 2 针；使用线 B 钩 6 针短针；使用线 A 钩短针 1 针分 2 针，5 针短针；使用线 B 钩 11 针短针；使用线 A 钩 31 针短针；使用线 B 钩 3 针短针；使用线 A 钩 3 针短针；使用线 B 钩 2 针短针（计作 90 针）。

第 8 圈：使用线 B 钩 4 针短针；使用钩 A 钩 2 针短针；使用线 B 钩 6 针短针；使用线 A 钩 2 针短针，短针 1 针分 2 针，12 针短针；使用线 B 钩 2 针短针，短针 1 针分 2 针，3 针短针；使用线 A 钩 7 针短针；使用线 B 钩 4 针短针，短针 1 针分 2 针，6 针短针；使用线 A 钩 8 针短针，短针 1 针分 2 针，14 针短针，短针 1 针分 2 针，7 针短针；使用线 B 钩 3 针短针；使用线 A 钩 3 针短针；使用线 B 钩 1 针短针，短针 1 针分 2 针（计作 96 针）。

第 9 圈：使用线 B 钩 4 针短针；使用钩 A 钩 2 针短针；使用线 B 钩 6 针短针；使用线 A 钩 16 针短针；使用线 B 钩 7 针短针；使用线 A 钩 7 针短针；使用线 B 钩 12 针短针；使用线 A 钩 33 针短针；使用线 B 钩 3 针短针；使用线 A 钩 3 针短针；使用线 B 钩 3 针短针。

第 10 圈：使用线 B 钩 4 针短针；使用线 A 钩 2 针短针；使用线 B 钩 6 针短针；使用线 A 钩 3 针短针，短针 1 针分 2 针，12 针短针；使用线 B 钩 3 针短针，短针 1 针分 2 针，3 针短针；使用线 A 钩 7 针短针；使用线 B 钩 5 针短针，短针 1 针分 2 针，6 针短针；使用线 A 钩 9 针短针，短针 1 针分 2 针，15 针短针，短针 1 针分 2 针，7 针短针；使用线 B 钩 3 针短针；使用线 A 钩 3 针短针；使用线 B 钩 2 针短针，短针 1 针分 2 针（计作 102 针）。

第 11 圈：使用线 B 钩 4 针短针；使用线 A 钩 2 针短针；使用线 B 钩 6 针短针；使用线 A 钩 17 针短针；使用

线 B 钩 8 针短针；使用线 A 钩 7 针短针；使用线 B 钩 13 针短针；使用线 A 钩 35 针短针；使用线 B 钩 3 针短针；使用线 A 钩 3 针短针；使用线 B 钩 4 针短针。

第 12 圈：使用线 B 钩 4 针短针；使用线 A 钩 2 针短针；使用线 B 钩 6 针短针；使用线 A 钩 7 针短针，短针 1 针分 2 针，9 针短针；使用线 B 钩 1 针短针，短针 1 针分 2 针，6 针短针；使用线 A 钩 4 针短针，短针 1 针分 2 针，2 针短针；使用线 B 钩 13 针短针；使用线 A 钩 35 针短针；使用线 B 钩 3 针短针；使用线 A 钩 3 针短针；使用线 B 钩 4 针短针（计作 105 针）。

第 13 圈：使用线 B 钩 4 针短针；使用线 A 钩 2 针短针；使用线 B 钩 6 针短针；使用线 A 钩 18 针短针；使用线 B 钩 9 针短针；使用线 A 钩 8 针短针；使用线 B 钩 13 针短针；使用线 A 钩 35 针短针；使用线 B 钩 3 针短针；使用线 A 钩 3 针短针；使用线 B 钩 4 针短针。

第 14 圈：使用线 B 钩 4 针短针；使用线 A 钩 2 针短针；使用线 B 钩 6 针短针；使用线 A 钩 9 针短针，短针 1 针分 2 针，5 针短针，短针 1 针分 2 针，2 针短针；使用线 B 钩 7 针短针，短针 1 针分 2 针，1 针短针；使用线 A 钩 3 针短针，短针 1 针分 2 针，4 针短针；使用线 B 钩 13 针短针；使用线 A 钩 35 针短针；使用线 B 钩 3 针短针；使用线 A 钩 3 针短针；使用线 B 钩 4 针短针（计作 109 针）。

第 15 圈：使用线 B 钩 4 针短针；使用线 A 钩 2 针短针；使用线 B 钩 6 针短针；使用线 A 钩 20 针短针；使用线 B 钩 10 针短针；使用线 A 钩 9 针短针；使用线 B 钩 13 针短针；使用线 A 钩 35 针短针；使用线 B 钩 3 针短针；使用线 A 钩 3 针短针；使用线 B 钩 4 针短针。

第 16 圈：使用线 B 钩 4 针短针；使用线 A 钩 2 针短针；使用线 B 钩 6 针短针；使用线 A 钩 13 针短针，短针 1 针分 2 针，5 针短针，短针 1 针分 2 针；使用线 B 钩 5 针短针，短针 1 针分 2 针，4 针短针；使用线 A 钩 9 针短针；使用线 B 钩 13 针短针；使用线 A 钩 35 针短针；使用线 B 钩 3

针短针；使用线 A 钩 3 针短针；使用线 B 钩 4 针短针（计作 112 针）。

第 17、18 圈：使用线 B 钩 6 针短针；使用线 A 钩 28 针短针；使用线 B 钩 11 针短针；使用线 A 钩 9 针短针；使用线 B 钩 4 针短针；使用线 A 钩 54 针短针。

第 19 圈：使用线 B 钩 6 针短针，短针 2 针并 1 针，4 针短针；使用线 A 钩 2 针短针，短针 2 针并 1 针，[6 针短针，短针 2 针并 1 针] 重复 2 次，2 针短针；使用线 B 钩 4 针短针，短针 2 针并 1 针，5 针短针；使用线 A 钩 1 针短针，短针 2 针并 1 针，[6 针短针，短针 2 针并 1 针] 重复 8 次（计作 98 针）。

第 20 圈：使用线 B 钩 11 针短针；使用线 A 钩 19 针短针；使用线 B 钩 10 针短针；使用线 A 钩 7 针短针；使用线 B 钩 4 针短针；使用线 A 钩 39 针短针；使用线 B 钩 8 针短针。

第 21 圈：使用线 B 钩 5 针短针，短针 2 针并 1 针，4 针短针；使用线 A 钩 1 针短针，短针 2 针并 1 针，[5 针短针，短针 2 针并 1 针] 重复 2 次，2 针短针；使用线 B 钩 3 针短针，短针 2 针并 1 针，5 针短针，短针 2 针并 1 针；使用线 A 钩 5 针短针，短针 2 针并 1 针；使用线 B 钩 3 针短针；使用线 A 钩 2 针短针，短针 2 针并 1 针，[5 针短针，短针 2 针并 1 针] 重复 5 次；使用线 B 钩 5 针短针，短针 2 针并 1 针（计作 84 针）。

第 22 圈：使用线 B 钩 10 针短针；使用线 A 钩 16 针短针；使用线 B 钩 10 针短针；使用线 A 钩 6 针短针；使用线 B 钩 3 针短针；使用线 A 钩 33 针短针；使用线 B 钩 6 针短针。

第 23 圈：使用线 B 钩 [4 针短针，短针 2 针并 1 针] 重复 2 次；使用线 A 钩 [4 针短针，短针 2 针并 1 针] 重复 2 次，2 针短针；使用线 B 钩 2 针短针，短针 2 针并 1 针，4 针短针，短针 2 针并 1 针；使用线 A 钩 4 针短针，短针 2 针并 1 针；使用线 B 钩 3 针短针；使用线 A 钩 1 针短针，短针 2 针并 1 针，[4 针短针，短针 2 针并 1 针] 重复 5 次；使用线 B 钩 4 针短针，短针 2 针并 1 针（计作 70 针）。

第 24 圈：使用线 B 钩 10 针短针；使用线 A 钩 12 针短针；使用线 B 钩 8 针

短针；使用线 A 钩 5 针短针；使用线 B 钩 3 针短针；使用线 A 钩 27 针短针；使用线 B 钩 5 针短针。

第 25 圈：使用线 B 钩［3 针短针，短针 2 针并 1 针］重复 2 次；使用线 A 钩［3 针短针，短针 2 针并 1 针］重复 2 次，2 针短针；使用线 B 钩 1 针短针，短针 2 针并 1 针，3 针短针，短针 2 针并 1 针；使用线 A 钩 3 针短针，短针 2 针并 1 针；使用线 B 钩 3 针短针，短针 2 针并 1 针；使用线 A 钩［3 针短针，短针 2 针并 1 针］重复 5 次；使用线 B 钩 3 针短针，短针 2 针并 1 针（计作 56 针）。

第 26 圈：使用线 B 钩 8 针短针；使用线 A 钩 10 针短针；使用线 B 钩 6 针短针；使用线 A 钩 4 针短针；使用线 B 钩 4 针短针；使用线 A 钩 20 针短针；使用线 B 钩 4 针短针。

第 27 圈：使用线 B 钩［2 针短针，短针 2 针并 1 针］重复 2 次；使用线 A 钩［2 针短针，短针 2 针并 1 针］重复 2 次，2 针短针；使用线 B 钩短针 2 针并 1 针，2 针短针，短针 2 针并 1 针；使用线 A 钩 2 针短针，短针 2 针并 1 针；使用线 B 钩 2 针短针，短针 2 针并 1 针；使用线 A 钩［2 针短针，短针 2 针并 1 针］重复 5 次；使用线 B 钩 2 针短针，短针 2 针并 1 针（计作 42 针）。

第 28 圈：使用线 B 钩［1 针短针，短针 2 针并 1 针］重复 14 次（计作 28 针）。

第 29 圈：［2 针短针，短针 2 针并 1 针］重复 7 次（计作 21 针）。

第 30 圈：［1 针短针，短针 2 针并 1 针］重复 7 次（计作 14 针）。

第 31 圈：［短针 2 针并 1 针］重复 7 次（计作 7 针）。

打结收尾。

头

使用线 B，魔术环起针法起针。

第 1 圈：在魔术环内钩 6 针短针（计作 6 针）。

第 2 圈：［短针 1 针分 2 针）重复 6 次（计作 12 针］。

第 3 圈：［1 针短针，短针 1 针分 2 针］重复 6 次（计作 18 针）。

第 4 圈：使用线 B 钩 2 针短针，短针 1 针分 2 针；使用线 A 钩 2 针短针，短针 1 针分 2 针；使用线 B 钩［2 针短针，短针 1 针分 2 针］重复 2 次；使用线 A 钩 2 针短针，短针 1 针分 2 针；使用线 B 钩 2 针短针，短针 1 针分 2 针（计作 24 针）。

第 5 圈：使用线 B 钩 2 针短针；使用线 A 钩 1 针短针，短针 1 针分 2 针，3 针短针，短针 1 针分 2 针，2 针短针；使用线 B 钩 1 针短针；使用线 A 钩短针 1 针分 2 针；使用线 B 钩 3 针短针；使用线 A 钩短针 1 针分 2 针；使用线 B 钩 1 针短针；使用线 A 钩 2 针短针，短针 1 针分 2 针，3 针短针，短针 1 针分 2 针（计作 30 针）。

第 6 圈：使用线 B 钩 2 针短针；使用线 A 钩 2 针短针，短针 1 针分 2 针，4 针短针，短针 1 针分 2 针，2 针短针；使用线 B 钩 1 针短针；使用线 A 钩 1 针短针，短针 1 针分 2 针；使用线 B 钩 3 针短针；使用线 A 钩 1 针短针，短针 1 针分 2 针；使用线 B 钩 1 针短针；使用线 A 钩 3 针短针，短针 1 针分 2 针，4 针短针，短针 1 针分 2 针（计作 36 针）。

第 7 圈：使用线 B 钩 2 针短针；使用线 A 钩 3 针短针，短针 1 针分 2 针，5 针短针，短针 1 针分 2 针，3 针短针；使用线 B 钩 1 针短针；使用线 A 钩 1 针短针，短针 1 针分 2 针；使用线 B 钩 2 针短针；使用线 A 钩 3 针短针，短针 1 针分 2 针；使用线 B 钩 1 针短针；使用线 A 钩 4 针短针，短针 1 针分 2 针，5 针短针，短针 1 针分 2 针（计作 42 针）。

第 8 圈：使用线 B 钩 2 针短针；使用线 A 钩 4 针短针，短针 1 针分 2 针，6 针短针，短针 1 针分 2 针，3 针短针；使用线 B 钩 1 针短针；使用线 A 钩 2 针短针，短针 1 针分 2 针，1 针短针；使用线 B 钩 1 针短针；使用线 A 钩 4 针短针；使用线 B 钩短针 1 针分 2 针；使用线 A 钩［6 针短针，短针 1 针分 2 针］重复 2 次（计作 42 针）。

第 9 圈：使用线 B 钩 2 针短针；使用线 A 钩 5 针短针，短针 1 针分 2 针，7 针短针，短针 1 针分 2 针，3 针短针；使用线 B 钩 1 针短针；使用线 A 钩 3 针短针，短针 1 针分 2 针，1 针短针；使用线 B 钩 1 针短针；使用线 A 钩 5 针短针；使用线 B 钩短针 1 针分

2 针；使用线 A 钩［7 针短针，短针 1 针分 2 针］重复 2 次（计作 54 针）。

第 10 圈：使用线 B 钩 2 针短针；使用线 A 钩 6 针短针，短针 1 针分 2 针，8 针短针，短针 1 针分 2 针，3 针短针；使用线 B 钩 1 针短针；使用线 A 钩 4 针短针，短针 1 针分 2 针，1 针短针；使用线 B 钩 1 针短针；使用线 A 钩 6 针短针；使用线 B 钩短针 1 针分 2 针；使用线 A 钩［8 针短针，短针 1 针分 2 针］重复 2 次（计作 60 针）。

第 11 圈：使用线 B 钩 2 针短针；使用线 A 钩 21 针短针；使用线 B 钩 1 针短针；使用线 A 钩 7 针短针；使用线 B 钩 1 针短针；使用线 A 钩 6 针短针；使用线 B 钩 2 针短针；使用线 A 钩 20 针短针。

第 12 圈：使用线 B 钩 2 针短针；使用线 A 钩 21 针短针；使用线 B 钩 1 针短针；使用线 A 钩 7 针短针；使用线 B 钩 1 针短针；使用线 A 钩 6 针短针；使用线 B 钩 2 针短针；使用线 A 钩 20 针短针。

第 13 圈：使用线 B 钩 2 针短针；使用线 A 钩 21 针短针；使用线 B 钩 1 针短针；使用线 A 钩 7 针短针；使用线 B 钩 1 针短针；使用线 A 钩 6 针短针；使用线 B 钩 2 针短针；使用线 A 钩 20 针短针。

第 14 圈：使用线 B 钩 2 针短针；使用线 A 钩 2 针短针；使用线 B 钩 1 针短针；使用线 A 钩 18 针短针；使用线 B 钩 1 针短针；使用线 A 钩 14 针短针；使用线 B 钩 1 针短针；使用线 A 钩 16 针短针；使用线 B 钩 1 针短针；使用线 A 钩 4 针短针（计作 60 针）。

第 15 圈：使用线 B 钩 2 针短针；使用线 A 钩 2 针短针；使用线 B 钩 1 针短针；使用线 A 钩 18 针短针；使用线 B 钩 1 针短针；使用线 A 钩 3 针短针，［短针 1 针分 3 针］重复 2 次，5 针短针，［短针 1 针分 3 针］重复 2 次，2 针短针；使用线 B 钩 1 针短针；使用线 A 钩 16 针短针；使用线 B 钩 1 针短针；使用线 A 钩 4 针短针（计

右图：在电影《哈利·波特与魔法石》中，麦格教授以阿尼马格斯形态上一年级的变形课

作 68 针)。

第 16 圈：使用线 B 钩 2 针短针；使用线 A 钩 2 针短针；使用线 B 钩 1 针短针；使用线 A 钩 18 针短针；使用线 B 钩 1 针短针；使用线 A 钩 8 针短针，短针 1 针分 2 针，5 针短针，短针 1 针分 2 针，7 针短针；使用线 B 钩 1 针短针；使用线 A 钩 16 针短针；使用线 B 钩 1 针短针；使用线 A 钩 4 针短针 (计作 70 针)。

第 17 圈：使用线 B 钩 2 针短针；使用线 A 钩 2 针短针；使用线 B 钩针 1 针短针；使用线 A 钩 22 针短针，[短针 2 针并 1 针] 重复 3 次，短针 1 针分 2 针，5 针短针，短针 1 针分 2 针，[短针 2 针并 1 针] 重复 3 次，2 针短针；使用线 B 钩 1 针短针；使用线 A 钩 16 针短针；使用线 B 钩 1 针短针；使用线 A 钩 4 针短针 (计作 66 针)。

第 18 圈：使用线 B 钩 2 针短针；使用线 A 钩 2 针短针；使用线 B 钩 1 针短针；使用线 A 钩 18 针短针；使用线 B 钩 6 针短针；使用线 A 钩 [短针 2 针并 1 针] 重复 2 次，短针 1 针分 2 针，2 针短针，短针 1 针分针 2 针，[短针 2 针并 1 针] 重复 2 次，1 针短针；使用线 B 钩 5 针短针；使用线 A 钩 14 针短针；使用线 B 钩 1 针短针；使用线 A 钩 4 针短针 (计作 64 针)。

第 19 圈：使用线 B 钩 2 针短针；使用线 A 钩 2 针短针；使用线 B 钩 1 针短针；使用线 A 钩 15 针短针；使用线 B 钩 5 针短针；使用线 A 钩 3 针短针，短针 2 针并 1 针，9 针短针，短针 2 针并 1 针，1 针短针；使用线 B 钩 5 针短针；使用线 A 钩 12 针短针；使用线 B 钩 5 针短针 (计作 62 针)。

第 20 圈：使用线 B 钩 1 针短针；使用线 A 钩 3 针短针；使用线 B 钩 1 针短针；使用线 A 钩 14 针短针；使用线 B 钩 4 针短针；使用线 A 钩 5 针短针，短针 2 针并 1 针，6 针短针，短针 2 针并 1 针，5 针短针；使用线 B 钩 4 针短针；使用线 A 钩 10 针短针；使用线 B 钩 5 针短针 (计作 60 针)。

在第 17 圈和第 18 圈之间装上眼睛。

第 21 圈：使用线 A 钩 4 针短针；使用线 B 钩 1 针短针；使用线 A 钩 32 针短针；使用线 B 钩 1 针短针；使用线 A 钩 17 针短针；使用线 B 钩 5 针短针。

第 22 圈：使用线 A 钩 4 针短针；使用线 B 钩 1 针短针；使用线 A 钩 19 针短针；使用线 B 钩 2 针短针；使用线 A 钩 11 针短针；使用线 B 钩 1 针短针；使用线 A 钩 17 针短针；使用线 B 钩 4 针短针；使用线 A 钩 1 针短针。

第 23 圈：使用线 A 钩 4 针短针；使用线 B 钩 1 针短针；使用线 A 钩 14 针短针；使用线 B 钩 7 针短针；使用线 A 钩 12 针短针；使用线 B 钩 1 针短针；使用线 A 钩 16 针短针；使用线 B 钩 5 针短针。

第 24 圈：使用线 B 钩 1 针短针；使用线 A 钩 3 针短针；使用线 B 钩 1 针短针；使用线 A 钩 33 针短针；使用线 B 钩 1 针短针；使用线 A 钩 16 针短针；使用线 B 钩 5 针短针。

第 25 圈：使用线 B 钩 2 针短针；使用线 A 钩 2 针短针；使用线 B 钩 1 针短针；使用线 A 钩 34 针短针；使用线 B 钩 2 针短针；使用线 A 钩 14 针短针；使用线 B 钩 5 针短针。

第 26 圈：使用线 B 钩 3 针短针；使用线 A 钩 1 针短针；使用线 B 钩 1 针短针；使用线 A 钩 36 针短针；使用线 B 钩 2 针短针；使用线 A 钩 12 针短针；使用线 B 钩 5 针短针。

第 27 圈：使用线 B 钩 3 针短针；使用线 A 钩 38 针短针；使用线 B 钩 6 针短针；使用线 A 钩 8 针短针；使用线 B 钩 5 针短针。

第 28 圈：使用线 A 钩 4 针短针；使用线 B 钩 1 针短针；使用线 A 钩 5 针短针，短针 2 针并 1 针，[10 针短针，短针 2 针并 1 针] 重复 3 次，8 针短针；使用线 B 钩 2 针短针，短针 2 针并 1 针 (计作 55 针)。

第 29 圈：使用线 A 钩 5 针短针；使用线 B 钩 1 针短针；使用线 A 钩 3 针短针，短针 2 针并 1 针，[9 针短针，短针 2 针并 1 针] 重复 3 次，4 针短针；使用线 B 钩 1 针短针；使用线 A 钩 3 针短针；使用线 B 钩 1 针短针，短针 2 针并 1 针 (计作 50 针)。

第 30 圈：使用线 A 钩 [8 针短针，短针 2 针并 1 针] 重复 4 次，3 针短针；使用线 B 钩 3 针短针；使用线 A 钩

2 针短针；使用线 B 钩短针 2 针并 1 针 (计作 45 针)。

第 31 圈：使用线 A 钩 [7 针短针，短针 2 针并 1 针] 重复 4 次，2 针短针；使用线 B 钩 5 针短针，短针 2 针并 1 针 (计作 40 针)。

紧实地填充头部。

第 32 圈：使用线 A 钩 [6 针短针，短针 2 针并 1 针] 重复 4 次，2 针短针；使用线 B 钩 4 针短针，短针 2 针并 1 针 (计作 35 针)。

第 33 圈：使用线 A 钩 [5 针短针，短针 2 针并 1 针] 重复 4 次，2 针短针；使用线 B 钩 3 针短针，短针 2 针并 1 针 (计作 30 针)。

第 34 圈：使用线 A 钩 [4 针短针，短针 2 针并 1 针] 重复 4 次，2 针短针；使用线 B 钩 2 针短针，短针 2 针并 1 针 (计作 25 针)。

第 35 圈：使用线 A 钩 [3 针短针，短针 1 针并 2 针] 重复 4 次，2 针短针；使用线 B 钩 1 针短针，短针 2 针并 1 针 (计作 20 针)。

第 36 圈：使用线 A 钩 [短针 2 针并 1 针] 重复 10 次 (计作 10 针)。

第 37 圈：钩 [短针 2 针并 1 针] 重复 5 次 (计作 5 针)。

打结收尾。

耳朵 (制作 2 个)

使用线 A，魔术环起针法起针。

第 1 圈：在魔术环内钩 6 针短针 (计作 6 针)。

第 2 圈：6 针短针。

第 3 圈：[1 针短针，短针 1 针分 2 针] 重复 3 次 (计作 9 针)。

第 4 圈：9 针短针。

第 5 圈：[2 针短针，短针 1 针分 2 针] 重复 3 次 (计作 12 针)。

第 6 圈：12 针短针。

第 7 圈：[2 针短针，短针 1 针分 2 针] 重复 4 次 (计作 16 针)。

第 8 圈：16 针短针。

第 9 圈：[3 针短针，短针 1 针分 2 针] 重复 4 次 (计作 20 针)。

第 10 圈：20 针短针。

第 11 圈：[4 针短针，短针 1 针分 2 针] 重复 4 次 (计作 24 针)。

第 12 圈：24 针短针。

第 13 圈：[5 针短针，短针 1 针分 2 针] 重复 4 次 (计作 28 针)。

打结收尾，留出一段长线尾用于缝合。不要填充。将耳朵压平。

尾巴

使用线 B，魔术环起针法起针。
第 1 圈：在魔术环内钩 8 针短针。
第 2 圈：［短针 1 针分 2 针］重复 8 次（计作 16 针）。
第 3～10 圈：16 针短针。
第 11～14 圈：使用线 A 钩 16 针短针。
第 15～17 圈：使用线 B 钩 16 针短针。
第 18～25 圈：使用线 A 钩 16 针短针。
第 26～27 圈：使用线 B 钩 16 针短针。
第 28～40 圈：使用线 A 钩 16 针短针。
填充尾巴尖。打结收尾，留出一段长线尾用于缝合。

后腿（制作 2 个）

使用线 A 钩 11 针锁针。
第 1 圈：跳过 1 针，在第 2 针锁针上钩 1 针短针，在之后的 9 针锁针上各钩 1 针短针，在最后 1 针锁针上钩 2 针短针，在每一针锁针背面各钩 1 针短针，在之前跳过的锁针上钩 2 针短针（计作 24 针）。
第 2 圈：［1 针短针，短针 1 针分 2 针］重复 12 次（计作 36 针）。
第 3 圈：16 针短针，［短针 1 针分 2 针］重复 4 次，16 针短针（计作 40 针）。
第 4 圈：18 针短针，4 针泡芙针，18 针短针（计作 40 针）。
第 5 圈：［短针 2 针并 1 针］重复 20 次（计作 20 针）。
第 6 圈：20 针短针。
第 7 圈：8 针短针，［短针 2 针并 1 针］重复 2 次，8 针短针（计作 18 针）。
第 8 圈：8 针短针，［短针 2 针并 1 针］重复 4 次，5 针短针（计作 14 针）。
第 9 圈：［短针 2 针并 1 针］重复 7 次（计作 7 针）。
填充脚前部的每个脚趾，脚后部保持平坦。打结收尾，留一段长线尾用于缝合。

口鼻

使用线 C，魔术环起针法起针。
第 1 圈：在魔术环内钩 10 针短针（计作 10 针）。
第 2 圈：［1 针短针，短针 1 针分 2 针］重复 3 次；使用线 A 钩［1 针短针，短针 1 针分 2 针］重复 2 次（计作 15 针）。
第 3 圈：使用线 C 钩［2 针短针，短针 1 针分 2 针］重复 3 次；使用线 A 钩［2 针短针，短针 1 针分 2 针］重复 2 次（计作 20 针）。
第 4 圈：使用线 C 钩［3 针短针，短针 1 针分 2 针］重复 3 次；使用线 A 钩［3 针短针，短针 1 针分 2 针］重复 2 次（计作 25 针）。
第 5 圈：使用线 C 钩［4 针短针，短针 1 针分 2 针］重复 3 次；使用线 A 钩［4 针短针，短针 1 针分 2 针］重复 2 次（计作 30 针）。
第 6 圈：使用线 C 钩［5 针短针，短针 1 针分 2 针］重复 3 次；使用线 A 钩［5 针短针，短针 1 针分 2 针］重复 2 次（计作 35 针）。
第 7、8 圈：使用线 C 钩 21 针短针；使用线 A 钩 14 针短针（计作 35 针）。
打结收尾，留出一段长线尾用于缝合。

帽子

使用线 D，魔术环起针法起针。
第 1 圈：在魔术环内钩 4 针短针（计作 4 针短针）。
第 2～4 圈：4 针短针。
第 5 圈：［短针 1 针分 2 针］重复 4 次（计作 8 针）。
第 6、7 圈：8 针短针。
第 8 圈：［3 针短针，短针 1 针分 2 针］重复 2 次（计作 10 针）。
第 9～11 圈：10 针短针。
第 12 圈：只挑后半针钩 10 针短针（计作 10 针）。
第 13 圈：10 针短针。
第 14 圈：［4 针短针，短针 1 针分 2 针］重复 2 次（计作 12 针）。
第 15 圈：12 针短针。
第 16 圈：［3 针短针，短针 1 针分 2 针］重复 3 次（计作 15 针）。
第 17～20 圈：15 针短针。
第 21 圈：［4 针短针，短针 1 针分 2 针］重复 3 次（计作 18 针）。
第 22 圈：18 针短针。
第 23 圈：［5 针短针，短针 1 针分 2 针］重复 3 次（计作 21 针）。
第 24 圈：［6 针短针，短针 1 针分 2 针］重复 3 次（计作 24 针）。
第 25、26 圈：24 针短针。
第 27 圈：［7 针短针，短针 1 针分 2 针］重复 3 次（计作 27 针）。

第 28 圈：［8 针短针，短针 1 针分 2 针］重复 3 次（计作 30 针）。
第 29 圈：30 针短针。
第 30 圈：［9 针短针，短针 1 针分 2 针］重复 3 次（计作 33 针）。
第 31 圈：［10 针短针，短针 1 针分 2 针］重复 3 次（计作 36 针）。
第 32 圈：36 针短针。
第 33 圈：［11 针短针，短针 1 针分 2 针］重复 3 次（计作 39 针）。
第 34 圈：［12 针短针，短针 1 针分 2 针］重复 3 次（计作 42 针）。
第 35 圈：42 针短针。
第 36 圈：［13 针短针，短针 1 针分 2 针］重复 3 次（计作 45 针）。
第 37 圈：［14 针短针，短针 1 针分 2 针］重复 3 次（计作 48 针）。
第 38 圈：48 针短针。
第 39 圈：［3 针短针，短针 1 针分 2 针］重复 12 次（计作 60 针）。
第 40 圈：［4 针短针，短针 1 针分 2 针］重复 12 次（计作 72 针）。
第 41 圈：［5 针短针，短针 1 针分 2 针］重复 12 次（计作 84 针）。
第 42 圈：［6 针短针，短针 1 针分 2 针］重复 12 次（计作 96 针）。
第 43 圈：［7 针短针，短针 1 针分 2 针］重复 12 次（计作 108 针）。
第 44 圈：108 针短针。
打结收尾。在第 12 圈处将帽子交叉折叠在一起并缝合，制作一个弯折的尖端。

组装

藏好线尾。
使用缝针，用黑色棉线在眼睛周围使用长的直线绣进行刺绣。填充身体的颈部。
将头缝在身体上。将耳朵缝在头的顶部，然后将尾巴缝在身体的后背底部。将后脚缝在身体下方。
将口鼻缝在头部。在口鼻的下半部分，使用黑色棉线绣出鼻子。
剪出 4 根 10cm 长的黑色棉线，用于制作胡须。将每一根线绕在 1 个针脚上，然后在根部打结。从鼻子底端到口鼻底部之间用黑色棉线绣一条直线。
戴上眼镜和帽子。

曼德拉草
MANDRAKE

设计：吉利安·休伊特（Jillian Hewitt）

难度系数 ⚡⚡

电影《哈利·波特与密室》中，二年级学生参加了草药课，在课上他们学习了曼德拉草的所有知识。这种神奇的植物顶部有很多片叶子，根部非常大，当被拔出时，它就像一个蠕动的、不满的婴儿，不断发出刺耳的尖叫声。当学生们发现曼德拉草时务必十分小心，它们的哭声对人类来说是致命的！

虽然电影《哈利·波特与密室》中的曼德拉草看起来就像婴儿一样，但"它们必须看起来不太可爱，"生物设计师尼克·杜德曼（Nick Dudman）说，"它们不可能像泰迪熊一样招人喜欢，因为它们最终会被摧毁用来制作药水，所以我们把它们设计成尖叫、潦草的样子。"最终，道具部门创造了五十多个完全由机械控制的曼德拉草模型，它们的上半部分坐在花盆上，由藏在温室桌子下方的控制器操控它们的动作。

这个曼德拉草编织玩偶是由两片钩编，然后缝合在一起的，细节上的处理让它看起来像真的一样。完成这个编织版的曼德拉草后一定要捂住耳朵！它看起来好像随时准备开始哭泣。

尺寸
均码

完成尺寸
高度：28cm
宽度：23cm

毛线
PATONS Astra，#3 中粗（100% 腈纶，122m/50g/ 团）
线 A：中褐色，1 团
PATONS Canadiana，#4 粗（100% 腈纶，187m/100g/ 团）
线 B：深绿茶，少量
线 C：中绿茶，少量
线 D：珍宝绿，少量

钩针
· 2.75mm 号钩针或达到编织密度所需型号

辅助材料和工具
· 黑色棉线
· 填充棉
· 缝针

编织密度
· 使用 2.75mm 钩针和线 A 钩短针 5cm × 5cm=12 针 × 13 行
编织密度对玩偶来说并不重要，只需确保钩得足够紧实，填充棉不会从完成的玩偶中露出来即可。

（下转第 34 页）

（上接第 33 页）

[注]

· 自下而上往返进行钩编。

· 先组装好每条腿，将两个织片叠在一起，沿着边缘钩短针。在组装时钩编根部。然后进行填充。

· 手臂和身体作为一个织片进行钩编。组装身体时，将两个织片叠在一起，沿着边缘钩短针。在组装时钩编根部。在组装时将腿部缝合进身体织片中，然后进行填充。

· 在钩编前片织片时，线头应留在背面。在钩编后片织片时，线头应留在正面，这样在对齐和缝合织片时所有的线头都在里面。

· 每行末端的 1 针锁针作为起立针，不计作针数。

左腿

第 1 部分

* 使用线 A 钩 3 针锁针。

第 1 行：跳过 1 针，在第 2、3 针锁针内各钩 1 针短针，翻面（计作 2 针）。

第 2 行：2 针短针。

打结收尾。

从 * 开始重复，但不要打结收尾。钩 1 针锁针，翻面，继续钩第 3 行。穿过 2 个织片连接。

第 3 行：1 针短针，短针 1 针分 2 针。钩第 2 片，2 针短针，1 针锁针，翻面（计作 5 针，穿过 2 个织片）。

第 4 行：短针 2 针并 1 针，1 针短针，短针 2 针并 1 针，1 针锁针，翻面（计作 3 针）。

第 5~10 行：3 针短针，1 针锁针，翻面。

第 11 行：短针 1 针分 2 针，2 针短针，1 针锁针，翻面（计作 4 针）。

第 12 行：短针 2 针并 1 针，［短针 1 针分 2 针］重复 2 次，1 针锁针，翻面（计作 5 针）。

第 13 行：短针 1 针分 2 针，4 针短针，1 针锁针，翻面（计作 6 针）。

第 14 行：5 针短针，短针 1 针分 2 针，1 针锁针，翻面（计作 7 针）。

第 15 行：6 针短针，短针 1 针分 2 针，1 针锁针，翻面（计作 8 针）。

第 16 行：短针 2 针并 1 针，5 针短针，短针 1 针分 2 针，1 针锁针，翻面。

第 17 行：4 针短针，［短针 2 针并 1 针］重复 2 次，1 针锁针，翻面（计作 6 针）。

第 18 行：短针 2 针并 1 针，4 针短针，1 针锁针，翻面（计作 5 针）。

第 19 行：3 针短针，短针 2 针并 1 针，1 针锁针，翻面（计作 4 针）。

第 20 行：短针 2 针并 1 针，2 针短针，1 针锁针，翻面（计作 3 针）。

第 21 行：1 针短针，短针 2 针并 1 针，1 针锁针，翻面（计作 2 针）。

第 22 行：短针 2 针并 1 针（计作 1 针）。

打结收尾。重复第 1~22 行制作第 2 个腿部织片，将 2 个织片边缘对齐，当正面朝向自己时，腿外部曲线在右边。将钩针从腿左上侧的任一针同时插入 2 个织片，沿着织片的边缘钩短针，将 2 个织片缝合在一起，在腿第

1 部分下部的转角停止，然后按照下述方法钩编。

第 2 部分

第 1 行：10 针锁针，翻面，跳过 1 针，在第 2~10 针锁针内各钩 1 针引拔针，引拔连接至腿底部的下一针（计作 9 针引拔针）。

第 2 行：钩 13 针锁针制作主根，翻面，跳过 1 针，在第 2 针锁针和沿着主根的下 6 针锁针内各钩 1 针引拔针，钩 7 针锁针制作次根，跳过 1 针，在第 2 针锁针和次根的每一针锁针内各钩 1 针引拔针，在沿着主根的下 5 针锁针内各钩 1 针引拔针，引拔连接至腿底部（计作 18 针引拔针）。

继续缝合织片至腿第 2 部分的底部，然后按如下方法钩编第 3 部分。

第 3 部分

第 1 行：钩 10 针锁针制作主根，跳过 1 针，在第 2~7 针锁针内各钩 1 针引拔针，钩 8 针锁针制作次根，跳过 1 针，在第 2 针锁针和沿着次根的下 6 针锁针内各钩 1 针引拔针，沿着主根的下 2 针锁针内各钩 1 针引拔针，引拔连接至腿底部（计作 16 针引拔针）。

第 2 行：钩 15 针锁针，跳过 1 针，在第 2~15 针锁针内各钩 1 针引拔针，引拔连接至腿底部（计作 14 针引拔针）。

第 3 行：钩 10 针锁针，跳过 1 针，在第 2~10 针锁针内各钩 1 针引拔针，引拔连接至腿底部（计作 9 针引拔针）。

填充腿部。边缝合边填充，每 3、4 针填充一下。收尾时连接至起始针。藏好线尾。

重复上述步骤制作右腿。当缝合右腿的 2 个织片正面朝向自己时，臀部的曲线应该在左侧，这会确保 2 条腿是对称的。

左手臂（制作 2 片）

第 1 部分

使用线 A 钩 2 针锁针。

第 1 行：跳过 1 针，在第 2 针锁针内钩 1 针短针，1 针锁针，翻面（计作

上图：在电影《哈利·波特与密室》中，斯普劳特教授在草药课上演示如何给曼德拉草换盆

1针）。

第2行：短针1针分2针，1针锁针，翻面（计作2针）。

第3行：短针2针并1针，将钩针插入上一针，钩1针短针，1针锁针，翻面。

第4行：2针短针，1针锁针，翻面。

第5行：短针2针并1针，将钩针插入上一针，钩1针短针。

打结收尾。放在一旁。

第2部分

使用线A钩3针锁针。

第1行：跳过1针，在第2、3针锁针内各钩1针短针，1针锁针，翻面（计作2针）。

第2行：1针短针，将钩针插入同一针，钩短针2针并1针，1针锁针，翻面。

第3行：短针2针并1针，将钩针插入上一针并针处，钩1针短针，1针锁针，翻面。

第4、5行：重复第2、3行。

第6行：短针2针并1针，将钩针插入上一针并针处，钩1针短针，1针锁

针，翻面。

第7~9行：重复第2、3行，以第2行结束。

将第1部分放在左边，线尾放在右边，第2部分放在第1部分的右边，线尾放在右边。第10行将第1部分和第2部分连接起来。

第10行：2针短针，在第2部分上钩2针短针，1针锁针，翻面（计作4针短针，横跨2个部分）

第11行：短针2针并1针，2针短针，1针锁针，翻面（计作3针）。

第12行：短针1针分2针，短针2针并1针，1针锁针，翻面。

第13行：2针短针，短针1针分2针，1针锁针，翻面（计作4针）。

第14行：短针1针分2针，1针短针，短针2针并1针，1针锁针，翻面。

第15行：3针短针，短针1针分2针，1针锁针，翻面（计作5针）。

第16行：短针1针分2针，4针短针，1针锁针，翻面（计作6针）。

第17行：短针2针并1针，4针短针，1针锁针，翻面（计作5针）。

第18行：短针1针分2针，4针短针（计作6针）。

打结收尾。

右手臂（制作2片）

使用线A钩2针锁针。

第1行：跳过1针，在第2针锁针内钩1针短针，1针锁针，翻面（计作1针）。

第2行：短针1针分2针，1针锁针，翻面（计作2针）。

第3行：短针1针分2针，1针短针，1针锁针，翻面（计作3针）。

第4行：短针2针并1针，短针1针分2针，1针锁针，翻面。

第5行：3针短针，1针锁针，翻面。

第6行：短针2针并1针，短针1针分2针，1针锁针，翻面。

第7行：3针短针，1针锁针，翻面。

第8行：短针1针分2针，2针短针，1针锁针，翻面（计作4针）。

第9行：短针1针分2针，3针短针，1针锁针，翻面（计作5针）。

第10行：5针短针，1针锁针，翻面。

第11行：短针1针分2针，2针短针，短针2针并1针，1针锁针，翻面。

第12行：[短针2针并1针]重复2次，1针短针（计作3针）。

打结收尾。放在一旁。

肚子 (制作2片)

使用线A钩8针锁针。

第1行：跳过1针，在第2~8针锁针内钩1针短针，1针锁针，翻面（计作7针）。

第2行：[短针1针分2针]重复2次，3针短针，[短针1针分2针]重复2次，1针锁针，翻面（计作11针）。

第3行：短针1针分2针，9针短针，短针1针分2针，1针锁针，翻面（计作13针）。

第4行：短针1针分2针，11针短针，短针1针分2针，1针锁针，翻面（计作15针）。

第5行：短针1针分2针，13针短针，短针1针分2针，1针锁针，翻面（计作17针）。

第6行：短针1针分2针，15针短针，短针1针分2针，1针锁针，翻面（计作19针）。

第7行：19针短针，1针锁针，翻面。

第8行：短针1针分2针，17针短针，短针1针分2针，1针锁针，翻面（计作21针）。

第9、10行：21针短针，1针锁针，翻面。

第11行：短针2针并1针，17针短针，短针2针并1针，1针锁针，翻面（计作19针）。

第12行：19针短针。

打结收尾。

身体 (制作2片)

将身体各部位按如下方式放置：右手臂的手臂外侧曲线在最左边，然后是肚子、左手臂（第1部分在右边，第2部分在左边）。按下述方式钩编，将3个部位连接在一起。

第1行：在左手臂上钩短针2针并1针，3针短针，短针1针分2针，在肚子上钩19针短针，在右手臂上钩短针1针分2针，短针2针并1针，1针锁针，翻面（计作28针）。

第2行：26针短针，短针2针并1针，1针锁针，翻面（计作27针）。

第3行：短针2针并1针，23针短针，短针2针并1针，1针锁针，翻面（计作25针）。

第4行：21针短针，[短针2针并1针]重复2次，1针锁针，翻面（计作23针）。

第5行：短针2针并1针，19针短针，短针2针并1针，1针锁针，翻面（计作21针）。

第6行：短针2针并1针，17针短针，短针2针并1针，1针锁针，翻面（计作19针）。

第7行：短针2针并1针，15针短针，短针2针并1针，1针锁针，翻面（计作17针）。

第8行：[短针2针并1针]重复2次，11针短针，短针2针并1针，1针锁针，翻面（计作14针）。

第9行：[短针2针并1针]重复2次，6针短针，[短针2针并1针]重复2次，1针锁针，翻面（计作10针）。

第10行：短针1针分2针，8针短针，短针1针分2针，1针锁针，翻面（计作12针）。

第11行：12针短针，1针锁针，翻面。

第12行：短针1针分2针，10针短针，短针1针分2针，1针锁针，翻面（计作14针）。

第13行：14针短针，1针锁针，翻面。

第14行：短针2针并1针，10针短针，短针2针并1针，1针锁针，翻面（计作12针）。

第15行：短针2针并1针，8针短针，短针2针并1针，1针锁针，翻面（计作10针）。

第16行：短针2针并1针，6针短针，短针2针并1针，1针锁针，翻面（计作8针）。

第17、18行：8针短针，1针锁针，翻面。

第19行：短针2针并1针，4针短针，短针2针并1针，1针锁针，翻面（计作6针）。

第20行：[短针3针并1针]重复2次，1针锁针，翻面（计作2针）。

第21行：2针短针，1针锁针，翻面。

第22行：[短针1针分2针]重复2次，1针锁针，翻面（计作4针）。

开始钩第1个头部分枝。

第23行：短针1针分2针，其余针不钩，钩1针锁针，翻面（计作2针）。

第24行：2针短针，1针锁针，翻面。

第25行：1针短针，其余针不钩，钩1针锁针，翻面（计作1针）。

第26行：短针1针分2针，1针锁针，翻面（计作2针）。

第27行：1针短针，其余针不钩，钩1针锁针，翻面（计作1针）。

第28、29行：1针短针，1针锁针，翻面。

打结收尾。

将作品翻面，使第1个头部分枝在左边。将钩针插入第22行没钩的针内，重复第23~29行制作第2个头部分枝。

打结收尾。

树叶 (使用线B制作1个，使用线C和线D各制作2个)

第1行：5针锁针，跳过1针，在第2针锁针内钩引拔连接，在第3~4针锁针内各钩1针短针，在第5针锁针内钩6针中长针，在锁针的另一侧钩2针短针，1针引拔针，1针锁针，引拔连接至开始处的引拔针（计作13针）。

打结收尾。藏好线头。

组装

脸

使用黑色棉线，在身体部位的第13行和第15行之间绣2个横着的V形。

使用黑色棉线，在第11行和第12行之间的3针上绣几针平针绣制作嘴巴。

使用线A，在眼睛上方位置钩几针引拔针，制作隆起的效果。打结收尾。

身体和腿

剪两段线A，每段长30cm，放在一旁备用。

将2个身体织片边缘对齐放在一起。玩偶的正面应该正对着自己，钩外边缘进行缝合。

从头顶的左边开始，在头部分枝的下面，通过将钩针同时插入2个织片边缘的1针，将2个织片连接在一起。沿着边缘钩短针，同时穿过2个织片，将它们缝合在一起，直至钩到右臂的末端，然后按如下方法钩编。

第1行：9针锁针，跳过1针，在第2~9针锁针内各钩1针引拔针，引拔连接至手臂下端（计作8引拔针）。

第2行：10针锁针，跳过1针，在第2~10针锁针内各钩1针引拔针，引拔连接至手臂（计作9引拔针）。

第3行：钩7针锁针，跳过1针，在第2~7针锁针内各钩1针引拔针，引拔连接至手臂（计作6引拔针）。

继续沿着手臂钩编，缝合两个织片。填充手臂。

将右腿插入2个身体织片之间。使用之前放在一旁的一段线A，同时缝合3片（身体前片、腿、身体后片）将腿固定在2个身体织片中间适当的位置。打结固定，将线尾藏在2个织片之间。

继续沿着身体钩编。钩到腿部时，只钩身体前片，因为这部分已经缝合了。继续将2个织片钩编在一起，钩至肚子的下端。使用第2根之前放在一旁的毛线，插入左腿，用与右腿同样方法，确保位置正确。

继续沿织片钩编，直至钩到左臂第一个分枝的下端，然后按如下方法钩编。

第1行：12针锁针，跳过1针，在第2~8针锁针内各钩1针引拔针，制作主根，钩9针锁针制作次根，沿着次根在第2~9针锁针内各钩1针引拔针，沿着主根在后4针锁针内各钩1针引拔针，引拔连接至第1个分枝（计作19针引拔针）。

第2行：8针锁针，跳过1针，在第2~8针锁针内各钩1针引拔针，引拔连接至第1个分枝（计作7引拔针）

继续钩完左手臂第1个分枝的另外一侧，填充。

在左手臂第2个分枝的下端，按如下方法钩编。

第1行：7针锁针，跳过1针，在第2~7针锁针内各钩1针引拔针，引拔连接至第2个分枝（计作6针引拔针）。

第2行：9针锁针，跳过1针，在第2~9针锁针内各钩1针引拔针，引拔连接至第2个分枝（计作8针引拔针）。

继续钩完手臂，填充。

钩编身体、头和头部分枝的边缘，边钩边紧实地填充。

当填充到满意的程度时，引拔连接至第1针缝合开口。打结收尾。用一根缝针，将线尾藏到玩偶内部。

收尾步骤

将树叶缝到头部分枝上。

藏好线尾。

使用一段长线A，按如下方法在肚子和腿上制作出一些小坑。

使用缝针，将线A穿入玩偶的正面，针从背面穿出，在正面留出一段长线尾。将正面的线尾从第1针旁的1针穿入玩偶的正面，然后针从钩编玩偶背面的同一针穿出，与第1针相同。从背面紧紧地拉出线尾，制作出一个小坑。打结固定，将线结藏在里面。重复以上步骤制作出想要的小坑。藏好线尾。

右图：德莫特·鲍尔（Dermot Power）为电影《哈利·波特与密室》设计的曼德拉草概念图。

海德薇
HEDWIG

设计：埃米·斯卡加（Emmy Scanga）

难度系数 ⚡⚡⚡

海德薇是一只雪鸮，是哈利·波特的宠物和伙伴，也是他的信使。海格从对角巷的咿啦猫头鹰商店买下它，送给哈利作为他11岁的生日礼物。海德薇雪白的羽毛和琥珀色的眼睛赋予它温柔而睿智的个性。在霍格沃茨和哈利待在一起时，海德薇主要负责送信，其他时间它通常会和别的猫头鹰呆在霍格沃茨的猫头鹰棚屋（Owlery）里。

在为霍格沃茨猫头鹰设计布景时，制作设计师斯图尔特·克莱格（Stuart Craig）从因弗内斯的岩脊中汲取到一些灵感。他非常注重确保各种外形的猫头鹰都能在舒适的环境中生活。"猫头鹰有大有小"，克雷格解释说，"但是我们测量并设计了最适合它们抓握的栖息地。"尽管在电影中，一半的栖息地要么空着，要么被假的猫头鹰占据。

这款海德薇编织玩偶使用钩针环形编织而成，是哈利心爱朋友的可爱复制品。它的一部分身体用梳子处理过，所以看上去毛茸茸的，并模仿出羽毛堆叠的样子。海德薇身上的刺绣小细节，为这款特殊的玩偶画龙点睛。

尺码
均码

完成尺寸
高度： 23cm
翼展： 25.5cm

毛线
SUGAR BUSH YARNS Bold, #4 粗（100% 超耐水洗美丽奴羊毛，176m/100g/ 团）
线 A: 初雪白，2 团
线 B: 落基山脉（黑色），1 团
线 C: 草原金秋，1 团
线 D: 格鲁吉亚灰，1 团

钩针
• 3.25mm 钩针或达到编织密度所需型号

辅助材料和工具
• 珠针
• 缝针
• 15mm 黑色玩偶眼睛
• 填充棉
• 宠物梳子或者猪鬃梳子

编织密度
• 使用 3.25mm 钩针钩短针
  10cm × 10cm=22 针 × 23 行
编织密度对玩偶来说并不重要，只需确保钩得足够紧实，填充棉不会从完成的玩偶中露出来即可。

特殊用语
里山： 将锁针翻转到反面；每个锁针中间的向下走的那条线。

（下转第 40 页）

（上接第39页）

[注]

- 有些组件是环形钩编的，有些是往返钩编的。每一个织片都会注明所使用的技法。
- 在缝合前使用珠针移动和调整织片的位置。
- 有些织片需要2股线合在一起。在整个钩编过程中使用相同型号的钩针。
- 可以选择是否刷毛，钢丝宠物刷的效果是最好的。
- 照片中展示的海德薇的翅膀和脚内有金属丝，使它可以摆出各种姿势。如果想要这种效果，需要在缝合脚和翅膀前放入金属丝。

眼窝（制作2个）

第1圈：使用线A，魔术环起针钩12针短针（不要将圆圈完全拉紧，需要将玩偶眼睛放在里面）；不做引拔（计作12针）。

第2圈：[短针1针分2针]重复12次（计作24针）。

第3圈：24针短针。

第4圈：[1针中长针，中长针1针分2针]重复12针；引拔连接至第1针中长针（计作36针）。

打结收尾，留出一段长线尾用于缝合。使用一个宠物刷，将整个眼窝刷毛，放在一旁备用。

身体

第1圈：使用线A，魔术环起针法钩8针短针；不做引拔（计作8针）。

第2圈：[短针1针分2针]重复8次（计作16针）。

第3圈：[1针短针，短针1针分2针]重复8次（计作24针）。

第4圈：[2针短针，短针1针分2针]重复8次（计作32针）。

第5圈：32针短针。

第6圈：[3针短针，短针1针分2针]重复8次（计作40针）。

第7圈：40针短针。

第8圈：[4针短针，短针1针分2针]重复8次（计作48针）。

第9~12圈：48针短针。

第13圈：18针短针，1针锁针，跳过1针，钩10针短针，1针锁针，跳过1针，钩18针短针。

第14圈：18针短针，在1针锁针孔眼内钩1针短针，钩10针短针，在1针锁针孔眼内钩1针短针，18针短针。

第15~18圈：48针短针。

第19圈：[14针短针，短针2针并1针]重复3次（计作45针）。

第20~22圈：45针短针。

将玩偶眼睛放在每个眼窝的中央，然后将带玩偶眼睛的眼窝放在第13圈的1针锁针孔眼内。用安全眼睛的垫圈固定。确保眼窝的线尾在头的两侧与第13圈平行。继续钩编身体。

第23圈：[4针短针，短针1针分2针]重复9次（计作54针）。

紧实地填充头部。

第24~28圈：54针短针。

第29圈：[5针短针，短针1针分2针]重复9次（计作63针）。

第30~33圈：63针短针。

第34圈：[7针短针，短针2针并1针]重复7次（计作56针）。

第35~46圈：56针短针。

第47圈：[2针短针，短针2针并1针]重复14次（计作42针）。

第48圈：42针短针。

第49圈：[1针短针，短针2针并1针)重复14次（计作28针）。

第50圈：[2针短针，短针2针并1针]重复7次（计作21针）。

填充完身体。

第51圈：[1针短针，短针2针并1针]重复7次（计作14针）。

第52圈：[短针2针并1针]重复7次（计作7针）。

打结收尾，留出一段长线尾用于缝合。缝合开口。

上图：电影《哈利·波特与魔法石》中的哈利·波特和海德薇

巩膜 (制作2个)

使用线C钩5针锁针。打结收尾，留
出一段长线尾用于缝合。

腿 (制作2个)

第1圈：使用线A，魔术环起针法钩
12针短针；不做引拔（计作12针）。

第2圈：［2针短针，短针1针分2针］
重复4次（计作16针）。

第3圈：［1针短针，短针1针分2针］
重复8次（计作24针）。

第4圈：24针短针。

第5圈：［1针短针，短针1针分2针］
重复12次（计作36针）。

第6~8圈：36针短针。

打结收尾，留出一段长线尾用于将其
缝合至身体上。

脚 (制作2个)

第1圈：使用线D，魔术环起针法钩8
针短针；不做引拔（计作8针）。

第2~6圈：8针短针。

第7圈：［1针短针，短针1针分2针］
重复4次（计作12针）。

第8圈：［2针短针，短针1针分2针］
重复4次（计作16针）。

第9圈：［3针短针，短针1针分2针］
重复4次（计作20针）。

第10、11圈：20针短针。

第12圈：5针短针，跳过10针，钩5
针短针（计作10针）。

第13~17圈：10针短针。

第18圈：［短针2针并1针］重复5次
（计作5针）。

打结收尾。缝合脚趾。

［注］可以根据需要填充脚。

制作另一个脚趾，在第12圈跳过的针
上钩10针。重复第13~17圈。打结
收尾，缝合每个脚趾的开口。将线
尾藏到脚里，然后用刷子刷整只脚，
刷出毛感。

翅膀A

第1圈：将线A两股线捻在一起，魔
术环起针法钩6针短针；不做引拔
（计作6针）。

第2圈：［短针1针分2针］重复6次（计
作12针）。

第3圈：［1针短针，短针1针分2针］
重复6次（计作18针）。

第4圈：18针短针。

第5圈：［2针短针，短针1针分2针］
重复6次（计作24针）。

第6圈：［3针短针，短针1针分2针］
重复6次（计作30针）。

第7圈：30针短针。

第8圈:［4针短针,短针1针分2针］重复6次(计作36针)。

第9圈:［5针短针,短针1针分2针］重复6次(计作42针)。

第10、11圈: 42针短针。

［**注**］现在需要通过钩锁针里山来制作羽毛;不要跳过钩针上的第1个锁针里山。最后1个锁针需要钩得松一些,以便更好入针。

第12圈:［1针短针,9针锁针,翻面,在锁针里山内钩1针短针,7针长针,1针中长针,在这圈的下一针短针内钩1针短针］重复4次,［1针短针,7针锁针,翻面,在锁针里山内钩1针短针,5针长针,1针中长针,在这圈的下一针短针内钩1针短针］重复2次,［1针短针,5针锁针,翻面,在锁针里山内钩1针短针,4针中长针,在这圈的下一针短针内钩1针短针］重复2次,钩26针短针。

打结收尾,留出一段长线尾用于缝合。将翅膀对折,使制作翅膀的线尾在最大的羽毛旁边。放平,使用线尾将第12圈的最后18针缝到羽毛上,在最后一个最小羽毛的边缘停止。留出8针用于组装时将翅膀缝到身体上。根据需要可稍做填充。

翅膀 B

重复翅膀 A 的第1~11圈。

第12圈: 26针短针,［1针短针,5针锁针,翻面,在锁针里山内钩1针短针,4针中长针,在第12圈的下一针内钩1针短针］重复2次,［1针短针,7针锁针,翻面,在锁针里山内钩1针短针,5针长针,1针中长针,在第12圈的下一针内钩1针短针］重复2次,［1针短针,9针锁针,翻面,在锁针里山内钩1针短针,7针长针,1针中长针,在第12圈的下一针内钩1针短针］重复4次。

打结收尾,留出一段长线尾用于缝合。将翅膀对折,使制作翅膀的线尾在最大的羽毛旁边。放平,使用线尾将第12圈的前18针缝到羽毛上,在

最后一个最小羽毛的边缘停止。留出8针用于组装时将翅膀缝到身体上。根据需要可稍做填充。

尾巴羽毛 A (制作2个)

［**注**］每行末端的起立针锁针不计作针数。

使用线 A 两股线捻成一股,钩14针锁针。

第1行: 在每一个锁针里山内各钩1针中长针,1针锁针,翻面(计作14针)。

第2行: 11针中长针,中长针1针分2针,1针锁针,翻面(跳过最后2针,计作13针)。

第3行: 12针中长针,中长针1针分2针,1针锁针,翻面(计作14针)。

第4~7行: 重复第2、3行。

打结收尾,留出一段长线尾用于将羽毛缝至身体。

将2片左右对称放置,制作出一个 V 形,轻轻叠放在一行上。在2个内侧的尾巴重叠处将2片粗缝在一起。留出长线尾用于缝合。

尾巴羽毛 B (制作2个)

［**注**］每行末端的起立针锁针不计作针数。

使用线 A 和线 D 两股线捻成一股,钩14针锁针。

第1行: 在每一个锁针里山内各钩1针中长针,1针锁针,翻面(计作14针)。

第2行: 11针中长针,中长针1针分2针,1针锁针,翻面(跳过最后2针,计作13针)。

第3行: 12针中长针,中长针1针分2针,1针锁针,翻面(计作14针)。

第4、5行: 重复第2、3行。

打结收尾,留出一段长线尾用于将羽毛缝合至身体上。

组装

腿

将腿的线尾和身体最后一圈对齐,用珠针固定。腿的外边缘应在身体的第9圈。这将在身体的前片和后片各形成一个 V 形。将腿缝在身体下端,填充后将腿部缝合。

刷毛

用刷子用力地刷头部(轻轻移动眼窝刷毛,避免在玩偶眼睛上刷出划痕)、胸部和下半身(2条腿和与腿连接的下腹部),尽可能将它们变得毛茸茸的。确保眼窝遮盖的部分也被刷到。

脚

将脚放在腿的正下方,2个脚趾向前,使猫头鹰可以自己站立。使用珠针辅助对齐脚。使用一段线 D 或线 A 将脚缝在腿上。

［**注**］在继续组装前,建议将翅膀和羽毛定型,防止羽毛太过卷曲。

翅膀

使用缝合翅膀留下的线尾,在身体的第20圈和第23圈之间缝合翅膀剩余的8针。

眼窝

使用在第13圈的眼窝线尾,从头部的一侧到眼睛下方的位置缝合上一圈的10针。每个眼窝下端外侧的转角是唯一缝合的边缘,其他部分沿着眼窝的第3圈缝合。在脸的中间,将2个圆环反面相对,把2个圆环内侧的部位合并在一起。缝3、4针将2个圆环缝在一起,制作出猫头鹰鼻子的隆起。使用余下的线将眼窝的顶部粗缝在眼睛上。拉紧并藏线尾。

巩膜

将巩膜放在眼睛的外眼角。使用线尾，在眼睛边缘间隔缝合里山。以同样方法缝另一只眼睛。

尾巴

将 2 个尾巴羽毛 B 左右对称并排放置。将 2 个尾巴羽毛 B 缝在身体的后面，位置在腿部最上端缝线上 3、4 行。在 2 个尾巴羽毛 B 一半的位置将它们放在一起，粗缝固定，稍微重叠 1 行。将尾巴羽毛 A 缝在尾巴羽毛 B 上方 3、4 行的位置。

喙

使用线 B，在 2 只眼睛中心向下 4 圈的位置，从眼窝的下面开始制作一个窄的三角形，喙的下端应与眼窝底部大致对齐。

其他细节

在胸部用线 D，翅膀上用线 B 绣出更多的羽毛。将缝在腿上或脸上的部件用刷子补刷。用线 B 和线 D 在眼睛周围绣出更多细节。

"我不能放你出来，海德薇。
在校外，我是不能用魔法的。"

哈利·波特　电影《哈利·波特与密室》

多比
DOBBY

设计：李·萨托里（Lee Sartori）

难度系数 ⚡⚡

多比是一个为巫师家族服务的家养小精灵，它原是马尔福家族的家仆。在电影《哈利·波特与密室》中，它与它的主人背道而驰，起初它找到哈利并阻止他前往霍格沃斯，后来却与哈利成结盟，在整部电影中成为哈利忠诚且值得信赖的朋友。因卢修斯·马尔福被哈利捉弄，不小心递给多比一只袜子，由此结束了马尔福家族与多比的主仆关系。因为根据巫师法，当家养小精灵收到主人送的衣物时，意味着给予自由。在获得自由之后，多比过上了幸福的生活，并力所能及地帮助它的朋友们。

在电影中，通过使用玩偶将 CG 模型与场景中的真人元素结合，多比以电脑合成的方式被赋予生命。"人们必须与多比产生共鸣，这样才会在它去世时同情它，"视觉特效总监蒂姆·伯克（Tim Burke）说，"如果多比看起来没有灵魂，我们在电影结束时就一点儿也不会感到悲伤。托比·琼斯（Toby Jones）为我们提供了出色的表演以供参考，然后由 FRAMESTORE 视效工作室的优秀动画师们通过动作捕捉技术将他的表情和动作与电脑制作的多比融为一体。"

在制作可爱的多比玩偶时，先分别编织各个部位，然后进行组装。每个部位都以连续环形钩编而成，以突出多比的特点。最后用一件柔软的破布长袍将多比包裹起来，明亮的绿色眼睛让它看上去活灵活现。

尺码
均码

完成尺寸
高度： 53.5cm

毛线
BERROCO Arno，#3 中　粗（57% 棉，43% 美丽奴羊毛，145m/50g/ 团）
线 A：#5003 饼干色，4 团
线 B：#5002 奶油色，3 团

钩针
- 2.75mm 钩针或达到编织密度所需型号

辅助材料和工具
- 缝针
- 记号扣
- 填充棉
- 25mm 绿色玩偶眼睛
- 扭扭棒
- 直径 6mm 木榫钉，长 15cm

编织密度
- 使用 2.75mm 钩针钩短针
  5cm × 5cm=10 针 × 12 行
编织密度对玩偶来说并不重要，只需确保钩得足够紧实，填充棉不会从完成的玩偶中露出即可。

[注]
- 每片以连续环形钩编，不做引拔。

头

使用线 A，魔术环起针法起针。

第1圈：在魔术环内钩6针短针（计作6针）。

第2圈：[短针1针分2针]重复6次（计作12针）。

第3圈：[短针1针分2针，1针短针]重复6次（计作18针）。

第4圈：[短针1针分2针，2针短针]重复6次（计作24针）。

第5圈：[短针1针分2针，3针短针]重复6次（计作30针）。

第6圈：[短针1针分2针，4针短针]重复6次（计作36针）。

第7圈：[短针1针分2针，5针短针]重复6次（计作42针）。

第8圈：[短针1针分2针，6针短针]重复6次（计作48针）。

第9圈：[短针1针分2针，7针短针]重复6次（计作54针）。

第10圈：[短针1针分2针，8针短针]重复6次（计作60针）。

第11圈：[短针1针分2针，9针短针]重复6次（计作66针）。

第12圈：[短针1针分2针，10针短针]重复6次（计作72针）。

第13圈：[短针1针分2针，11针短针]重复6次（计作78针）。

第14圈：[短针1针分2针，12针短针]重复6次（计作84针）。

第15圈：[短针1针分2针，13针短针]重复6次（计作90针）。

第16~34圈：90针短针。

第35圈：[13针短针，短针2针并1针]重复6次（计作84针）。

第36圈：[12针短针，短针2针并1针]重复6次（计作78针）。

第37圈：[11针短针，短针2针并1针]重复6次（计作72针）。

第38圈：[10针短针，短针2针并1针]重复6次（计作66针）。

第39圈：[9针短针，短针2针并1针]重复6次（计作60针）。

第40圈：[8针短针，短针2针并1针]重复6次（计作54针）。

第41圈：[7针短针，短针2针并1针]重复6次（计作48针）。

第42圈：[6针短针，短针2针并1针]重复6次（计作42针）。

使用扭扭棒，从头部内部插入第23圈，跳过约14针，将扭扭棒的末端拉出并再次回到内部。扭转扭扭棒的两端使之收紧并使眼眶凹陷。蓬松地填充头部。

第43圈：[5针短针，短针2针并1针]重复6次（计作36针）。

第44圈：[4针短针，短针2针并1针]重复6次（计作30针）。

第45圈：[3针短针，短针2针并1针]重复6次（计作24针）。

第46圈：[2针短针，短针2针并1针]重复6次（计作18针）。

第47圈：[1针短针，短针2针并1针]重复6次（计作12针）。

第48圈：[短针2针并1针]重复6次（计作6针）。

打结收尾。

眼睛（制作2个）

使用线 B 钩2针锁针。

第1圈：跳过1针，在第2针锁针内钩6针短针（计作6针）。

第2圈：[短针1针分2针]重复6次（计作12针）。

第3圈：[短针1针分2针，1针短针]重复6次（计作18针）。

第4圈：[短针1针分2针，2针短针]重复6次（计作24针）。

第5圈：[2针短针，短针2针并1针]重复6次（计作18针）。

打结收尾，保留一段长线尾。在第1圈的中央插入眼睛。

使用线 A，从该圈任意一针上入针。

第6圈：1针锁针（不计入针数），[2针外钩短针，5针外钩中长针，2针外钩短针]重复2次。

第7圈：[外钩中长针1针分2针]重复18次（计作36针）。

第8圈：36针中长针。

打结收尾，藏线头。将第6~8圈朝眼睛方向向上折叠。

将眼睛固定在凹陷的眼眶里，让眼睛的第6~8圈向上凸起。在每只眼睛上方捏起约10圈的毛线形成眉毛，使用线 A 缝住折痕进行固定。

嘴

使用线 A 钩10针锁针。

第1圈：跳过1针，在第2针锁针内钩1针短针，在之后7针锁针内各钩1针短针，在最后1针锁针内钩3针短针，旋转作品，在8针锁针内各钩1针短针，在最后1针锁针内钩3针短针（计作22针）。

第2圈：9针短针，短针1针分3针，10针短针，短针1针分3针，1针短针（计作26针）。

第3圈：26针短针。

第4圈：10针短针，短针1针分3针，12针短针，短针1针分3针，2针短针（计作30针）。

第5圈：30针短针。

第6圈：11针短针，短针1针分3针，14针短针，短针1针分3针，3针短针（计作34针）。

第7圈：34针短针。

第8圈：12针短针，短针1针分2针，16针短针，短针1针分2针，4针短针（计作36针）。

第9圈：[中长针1针分2针，5针中长针]重复6次（计作42针）。

打结收尾，留出一段长线尾用于缝合。蓬松地填充。

鼻子

使用线 A 钩2针锁针。

第1圈：跳过1针，在第2针锁针内钩3针短针（计作3针）。

第2圈：短针1针分2针，2针短针（计作4针）。

第3圈：短针1针分2针，3针短针（计作5针）。

第4圈：短针1针分2针，4针短针（计作6针）。

第5圈：[短针1针分2针，1针短针]重复3次（计作9针）。

第6圈：[短针1针分2针，2针短针]重复3次（计作12针）。

第7圈：[短针1针分2针，1针短针]重复6次（计作18针）。

第8~13圈：18针短针。

第14圈：6针短针，余下的12针不钩（计作6针）。

第15圈：6针短针（做出鼻翼）。

打结收尾，留出一段长线尾用于缝合。

第16圈：钩第14圈跳过的针，跳过3针，钩6针短针，余下的3针不钩（计作6针）。

第17圈：6针短针（做出鼻翼）。

打结收尾，留出一段长线尾用于缝合。

第18圈：钩第14圈跳过的针，在鼻翼相同的针脚中连接，在连接处钩1针

"哈利·波特今年绝对不能回
到霍格沃茨魔法学校去。"

多比 电影《哈利·波特与密室》

左图：在电影《哈
利·波特与密室》
中，多比试图阻止
哈利回到霍格沃茨

短针，在之前跳过的针处钩3针短
针，在另一个鼻翼相同针处钩1针短
针，翻面（计作5针）。

第19~32圈： 1针锁针，5针短针，翻
面（计作5针）。

打结收尾，留出一段长线尾用于缝合。
缝合每一个鼻翼。蓬松地填充鼻子。

外耳（制作2个）

使用线 A 钩2针锁针。

第1圈： 跳过1针，在第2针锁针内钩
3针短针（计作3针）。

第2圈： 短针1针分2针，2针短针（计
作4针）。

第3圈： 短针1针分2针，3针短针（计
作5针）。

第4圈： 短针1针分2针，4针短针（计
作6针）。

第5~21圈： 6针短针。

第22圈：［短针1针分2针］重复6次
（计作12针）。

第23圈：［短针1针分2针，1针短针］
重复6次（计作18针）。

第24圈：［短针1针分2针，2针短针］
重复6次（计作24针）。

第25圈：［短针1针分2针，3针短针］
重复6次（计作30针）。

打结收尾，留出一段长线尾用于缝合。

内耳（制作2个）

使用线 A 钩2针锁针。

第1圈： 跳过1针，在第2个锁针内钩
6针短针（计作6针）。

第2圈：［短针1针分2针］重复6次（计
作12针）。

第3圈：［短针1针分2针，1针短针］
重复6次（计作18针）。

第4圈：［短针1针分2针，2针短针］
重复6次（计作24针）。

第5圈：［短针1针分2针，3针短针］
重复6次（计作30针）。

第6圈： 短针1针分2针，8针短针，
短针1针分2针，5针短针，5针中
长针，1针锁针，5针中长针，5针
短针（计作22针短针，10针中长针，
1个1针锁针孔眼）。

第7圈： 短针1针分2针，10针短针，
短针1针分2针，5针短针，5针中
长针，在1针锁针孔眼内钩（1针中
长针，1针锁针，1针中长针），5针
中长针，5针短针（计作24针短针，
12针中长针，1个1针锁针孔眼）。

第8圈： 短针1针分2针，12针短针，
短针1针分2针，5针短针，6针中
长针，在1针锁针孔眼内钩（1针中
长针，1针锁针，1针中长针），6针
中长针，5针短针（计作26针短针，
14针中长针，1个1针锁针孔眼）。

打结收尾，留出一段长线尾用于缝合。

耳朵细节（制作2个）

第1行： 使用线 A，留出一段长线尾，
钩20针锁针。

打结收尾。将耳朵细节缝合在内耳上，
在内耳的第4圈处做出一个 U 字形。

身体

使用线 B，魔术环起针法起针。

第1圈： 在魔术环内钩6针短针（计作
6针）。

第2圈：［短针1针分2针］重复6次（计
作12针）。

第3圈：［短针1针分2针，1针短针］
重复6次（计作18针）。

第4圈：［短针1针分2针，2针短针］
重复6次（计作24针）。

第5圈：［短针1针分2针，3针短针］
重复6次（计作30针）。

第6圈：［短针1针分2针，4针短针］
重复6次（计作36针）。

第7圈：［短针1针分2针，5针短针］
重复6次（计作42针）。

第8圈：［短针1针分2针，6针短针］
重复6次（计作48针）。

第9圈：［短针1针分2针，7针短针］
重复6次（计作54针）。

第10圈：［短针1针分2针，8针短针

重复6次(计作60针)。
第11~32圈:60针短针。
换成线A。
第33~35圈:60针短针。
第36圈:[8针短针,短针2针并1针]重复6次(计作54针)。
第37圈:[7针短针,短针2针并1针]重复6次(计作48针)。
第38圈:[6针短针,短针2针并1针]重复6次(计作42针)。
第39圈:[5针短针,短针2针并1针]重复6次(计作36针)。
第40圈:[4针短针,短针2针并1针]重复6次(计作30针)。
紧实地填充身体。
第41圈:[3针短针,短针2针并1针]重复6次(计作24针)。
第42圈:[2针短针,短针2针并1针]重复6次(计作18针)。
第43~46圈:18针短针。
打结收尾。留出一段长线尾用于缝合。紧实地填充身体。
将木榫钉插进脖子里,另一端插入头部以支撑颈部。将头部插入身体约2圈深度,然后将身体与头部缝合。

长袍(制作2个)

使用线B钩61针锁针。

第1行:跳过1针,在第2针锁针和之后每一针锁针上钩中长针,翻面(计作60针)。
第2行:1针锁针(不计作针数),40针中长针,留出20针不钩(领口的带子完成),翻面(计作40针中长针)。
第3~22行:1针锁针,39针中长针,翻面。
打结收尾,藏好线尾。
完成两个长袍织片之后,将2个织片上端的带子对齐,然后从底端开始将2个织片的侧边缝合。同时穿过2个织片钩25针引拔针,然后在后片钩10针引拔针(形成袖隆),同时穿过2个织片钩最后5针引拔针。打结收尾。将带子打一个蝴蝶结。穿上长袍,领带放在右肩。

胳膊和腿(制作4个)

使用线A,魔术环起针法起针。
第1圈:在魔术环内钩6针短针(计作6针)。
第2圈:[短针1针分2针]重复6次(计作12针)。
第3圈:[短针1针分2针,1针短针]重复6次(计作18针)。
第4~20圈:18针短针。

打结收尾,留出一段长线尾用于缝合。紧实地填充。

脚(制作2个)

使用线A,魔术环起针法起针。
第1圈:在魔术环内钩6针短针(计作6针)。
第2圈:[短针1针分2针]重复6次(计作12针)。
第3圈:[短针1针分2针,1针短针]重复6次(计作18针)。
第4圈:[短针1针分2针,2针短针]重复6次(计作24针)。
第5圈:[短针1针分2针,3针短针]重复6次(计作30针)。
第6圈:[短针1针分2针,4针短针]重复6次(计作36针)。
第7圈:36针短针。
第8圈:[短针2针并1针,16针短针]重复2次(计作34针)。
第9圈:[短针2针并1针,15针短针]重复2次(计作32针)。
第10圈:[短针2针并1针,14针短针]重复2次(计作30针)。
第11圈:[短针2针并1针,13针短针]重复2次(计作28针)。
第12圈:[短针2针并1针,12针短针]重复2次(计作26针)。
第13圈:[短针2针并1针,11针短针]重复2次(计作24针)。
第14~18圈:24针短针。
第19圈:3针短针,钩6针锁针,跳过6针,钩15针短针(计作18针短针,6针锁针)。
第20圈:在所有短针和锁针中钩24针短针。
第21圈:24针短针。
第22圈:[2针短针,短针2针并1针]重复6次(计作18针)。
第23圈:[2针短针,短针2针并1针]重复6次(计作12针)。
第24圈:[短针2针并1针]重复6次(计作6针)。
打结收尾。紧实地填充。收口缝合。

小腿(制作2个)

在脚上部第19圈跳过的第1针短针处接线。

第 25 圈：在跳过的 6 针位置钩 6 针短针，再钩 6 针短针；连接成环形（计作 12 针）。

第 26~42 圈：12 针短针。

打结收尾，留出一段长线尾用于缝合。紧实地填充。

大脚趾（制作 2 个）

使用线 A，魔术环起针法起针。

第 1 圈：在魔术环内钩 6 针短针。

第 2 圈：[短针 1 针分 2 针]重复 6 次（计作 12 针）。

第 3~6 圈：12 针短针。

打结收尾，留出一段长线尾用于缝合。

中间的脚趾（制作 6 个）

使用线 A，魔术环起针法起针。

第 1 圈：在魔术环内钩 6 针短针（计作 6 针）。

第 2 圈：[短针 1 针分 2 针，1 针短针]重复 3 次（计作 9 针）。

第 3 圈：9 针短针。

打结收尾，留出一段长线尾用于缝合。

小脚趾（制作 2 个）

使用线 A，魔术环起针法起针。

第 1 圈：在魔术环内钩 6 针短针（计作 6 针）。

第 2 圈：6 针短针。

打结收尾，留出一段长线尾用于缝合。

手和下臂（制作 2 个）

使用线 A，魔术环起针法起针。

第 1 圈：在魔术环内钩 6 针短针。

第 2 圈：[短针 1 针分 2 针]重复 6 次（计作 12 针）。

第 3 圈：[短针 1 针分 2 针，1 针短针]重复 6 次（计作 18 针）。

第 4 圈：[短针 1 针分 2 针，2 针短针]重复 6 次（计作 24 针）。

第 5 圈：[短针 1 针分 2 针，3 针短针]重复 6 次（计作 30 针）。

第 6 圈：30 针短针。

第 7 圈：[短针 2 针并 1 针，13 针短针]重复 2 次（计作 28 针）。

第 8 圈：28 针短针。

第 9 圈：[短针 2 针并 1 针，12 针短针]重复 2 次（计作 26 针）。

第 10 圈：26 针短针。

第 11 圈：[短针 2 针并 1 针，11 针短针]重复 2 次（计作 24 针）。

紧实地填充手。

第 12~28 圈：24 针短针。

紧实地填充下臂。

打结收尾，留出一段长线尾用于缝合。

小指（制作 2 个）

使用线 A，魔术环起针法起针。

第 1 圈：在魔术环内钩 6 针短针。

第 2~5 圈：6 针短针。

打结收尾，留出一段长线尾用于缝合。

中间的手指（制作 6 个）

使用线 A，魔术环起针法起针。

第 1 圈：在魔术环内钩 6 针短针（计作 6 针）。

第 2~7 圈：6 针短针。

打结收尾，留出一段长线尾用于缝合。

大拇指（制作 2 个）

使用线 A，魔术环起针法起针。

第 1 圈：在魔术环内钩 6 针短针。

第 2 圈：[短针 1 针分 2 针，1 针短针]重复 3 次（计作 9 针）。

第 3~6 圈：9 针短针。

打结收尾，留出一段长线尾用于缝合。

组装

将外耳缝到头的两侧，眉毛的上方位置。将内耳缝到外耳上，然后与脸两侧缝合。内耳的下端应稍微向内折。将胳膊缝到身体两侧肩膀处。将腿缝在身体下端。将小腿呈角度缝到大腿上，朝向下方。将大脚趾缝到脚内边缘的上面。将中间的 3 个脚趾缝到每只脚中间部位。将小脚趾缝到脚外边缘。将小臂缝到上臂上，在手肘处形成一个直角。使用一段长约 10cm 的线 A，紧紧地系在手腕第 12 圈的位置上以收紧手腕。将 4 个手指和大拇指排成一行缝在手掌的边缘。将嘴缝在脸靠下的位置。将鼻子缝在 2 只眼睛之间、嘴的上方。藏好线头。

牡鹿（守护神）
SRAG(PATRONUS)

设计：吉莉安·翰威特（Jillian Hewitt）

难度系数 ⚡⚡

呼神护卫（Expecto Patronum）是魔法世界中极高的防御咒语，通常用于抵御摄魂怪（Dementor）。施展咒语时，施咒者的魔杖会喷出银色气体，幻化出银白色半透明的动物，看起来像是雾中的幽灵。在电影《哈利·波特与阿兹卡班的囚徒》中，哈利在卢平教授的帮助下学会了召唤守护神。后来，哈利得知母亲莉莉的守护神是牡鹿，而斯内普教授的守护神也是牡鹿，他因为对莉莉一生的爱而召唤出与之同样形态的守护神。在电影《哈利·波特与死亡圣器（上）》中正是斯内普的守护神将哈利引向格兰芬多宝剑，这是斯内普对哈利的众多帮助之一，但这位年轻的巫师当时并不知情。

这只守护神牡鹿的编织作品采用亮闪闪的蓝色毛线制成，以捕捉"哈利·波特"系列电影中守护神的空灵质感。编织出简单的形状并将它们缝合在一起，然后添加一对玩偶眼睛作为点睛之笔，以完成这款优雅的作品。

尺码
均码

完成尺寸
高度： 19cm（不包括犄角）
宽度： 12.5cm

毛线
LION BRAND YARN Truboo Yarn，#3 中粗（100% 竹节人造棉，220m/100g/ 团）
线 A：#105 浅蓝色，1 团
线 B：#149 银色，少量

钩针
• 2.25mm 钩针或达到编织密度所需型号

辅助材料和工具
• 6mm 黑色玩偶眼睛
• 填充棉
• 记号扣
• 缝针

编织密度
• 使用 2.25mm 钩针钩短针
　2.5cm × 2.5cm=9 针 × 9 行
编织密度对玩偶来说并不重要，只需确保钩得足够紧实，填充棉不会从完成的玩偶中露出来即可。

（下转第 52 页）

（上接第 51 页）

[注]

- 自下而上往返进行钩编。
- 将腿上从左到右编号为 L1~L4，先钩编出 L1~L3 的织片，然后将每 2 个织片固定在一起并在边缘处钩短针缝合。
- 第四条腿（L4）和主体作为一个整体进行钩编。组装主体时，将 2 个织片固定在一起并在边缘处钩短针。在组装过程中，将耳朵、尾巴和单独的腿缝合到织片中。然后填充这个部分。可以选择将犄角缝合在末端。
- 在钩前片时，线头应留在背面，在钩后片时，线头应留在正面，这样在对齐和缝合织片时所有的线头都在里面。
- 每行最后的 1 针锁针作为起立针不计作针数。
- 需要换线改变颜色时，在换线的前一针，将钩针插入针脚，针上绕线并拉起一个线圈；用新线，针上绕线并拉起一个线圈。使用新线继续正常钩编。

第 1 条腿（L1）

使用线 A 钩 4 针锁针。

第 1 行：跳过 1 针，在第 2~4 针锁针内各钩 1 针短针，1 针锁针，翻面（计作 3 针）。

第 2~8 行：3 针短针，1 针锁针，翻面（计作 3 针）。

第 9 行：2 针短针，短针 1 针分 2 针，1 针锁针，翻面（计作 4 针）。

第 10 行：4 针短针，1 针锁针，翻面（计作 4 针）。

第 11 行：短针 2 针并 1 针，2 针短针，1 针锁针，翻面（计作 3 针）。

第 12~16 行：3 针短针，1 针锁针，翻面（计作 3 针）。

第 17 行：2 针短针，短针 1 针分 2 针，1 针锁针，翻面（计作 4 针）。

第 18、19 行：4 针短针，1 针锁针，翻面（计作 4 针）。

第 20 行：短针 1 针分 2 针，3 针短针，1 针锁针，翻面（计作 5 针）。

第 21 行：5 针短针，1 针锁针，翻面（计作 5 针）。

第 22 行：3 针短针，短针 2 针并 1 针，1 针锁针，翻面（计作 4 针）。

第 23 行：［短针 2 针并 1 针］重复 2 次，在上一针短针的相同位置钩 1 针短针，1 针锁针，翻面（计作 3 针）。

第 24 行：短针 1 针分 2 针，短针 2 针并 1 针，1 针锁针，翻面（计作 3 针）。

第 25 行：短针 3 针并 1 针（计作 1 针）。

打结收尾。

重复第 1~25 行制作第 2 个 L1 织片。

将 2 个织片边缘对齐放在一起，确保起始处的线头在左边。钩针同时插入 2 个织片左上方边缘的任意一针，沿着织片的边缘钩短针将 2 个织片缝合在一起，缝合至织片的下部（脚蹄处），然后按照下述方法钩各个转角。

转角：在同一针内钩 1 针短针，1 针锁针，1 针短针。

继续钩另一侧，钩完顶部，将 2 个织片缝合在一起，每隔 3、4 针进行填充。填充顶部。引拔连接至起始针收口。打结收尾。放在一旁备用。

第 2 条腿（L2）

使用线 A 钩 4 针锁针。

第 1 行：跳过 1 针，在第 2~4 针锁针内各钩 1 针短针，1 针锁针，翻面（计作 3 针）。

第 2~8 行：3 针短针，1 针锁针，翻面（计作 3 针）。

第 9 行：短针 1 针分 2 针，2 针短针，1 针锁针，翻面（计作 4 针）。

第 10 行：4 针短针，1 针锁针，翻面（计作 4 针）。

第 11 行：2 针短针，短针 2 针并 1 针，1 针锁针，翻面（计作 3 针）。

第 12~14 行：3 针短针，1 针锁针，翻面（计作 3 针）。

第 15 行：短针 1 针分 2 针，2 针短针，1 针锁针，翻面（计作 4 针）。

第 16 行：短针 2 针并 1 针，2 针短针，1 针锁针，翻面（计作 3 针）。

第 17 行：3 针短针，1 针锁针，翻面（计作 3 针）。

第 18 行：2 针短针，短针 1 针分 2 针，1 针锁针，翻面（计作 4 针）。

第 19、20 行：4 针短针，1 针锁针，翻面（计作 4 针）。

第 21 行：3 针短针，短针 1 针分 2 针，1 针锁针，翻面（计作 5 针）。

第 22、23 行：5 针短针，1 针锁针，翻面（计作 5 针）。

第 24 行：短针 1 针分 2 针，3 针短针，短针 1 针分 2 针，1 针锁针，翻面（计作 7 针）。

第 25 行：7 针短针，1 针锁针，翻面（计作 7 针）。

第 26 行：短针 1 针分 2 针，6 针短针，1 针锁针，翻面（计作 8 针）。

第 27 行：7 针短针，短针 1 针分 2 针，1 针锁针，翻面（计作 9 针）。

第 28 行：8 针短针，短针 1 针分 2 针，1 针锁针，翻面（计作 10 针）。

第 29~30 行：10 针短针。

第 31 行：9 针短针，短针 1 针分 2 针，1 针锁针，翻面（计作 11 针）。

第 32 行：9 针短针，短针 2 针并 1 针，1 针锁针，翻面（计作 10 针）。

第 33 行：10 针短针。

打结收尾。

重复第 1~33 行制作第 2 个 L2 织片。

上图：在电影《哈利·波特与凤凰社》中，卢娜·洛夫古德在邓布利多军的一次会议上练习她的守护神咒语

将2个织片边缘对齐放在一起，确保起始处的线头在左边。钩针同时插入2个织片左上方边缘的任意一针，沿着织片的边缘钩短针将2个织片缝合在一起，缝合至织片的下部（脚蹄处），然后按照下述方法钩各个转角。

转角： 在同一针内钩1针短针，1针锁针，1针短针。

继续钩另一侧，钩完顶部，将2个织片缝合在一起，每隔3、4针进行填充。填充顶部。引拔连接至起始针收口。打结收尾。放在一旁备用。

第3条腿（L3）

使用线A钩4针锁针。

第1行： 跳过1针，在第2~4针锁针内各钩1针短针，1针锁针，翻面（计作3针）。

第2行： 短针2针并1针，短针1针分2针，1针锁针，翻面（计作3针）。

第3行： 1针短针，短针2针并1针，1针锁针，翻面（计作2针）。

第4行： 2针短针，1针锁针，翻面（计作2针）。

第5行： 1针短针，将钩针插入刚钩过1针短针的位置和下一针的位置钩短针2针并1针，1针锁针，翻面（计作2针）。

第6行： 2针短针，1针锁针，翻面（计作2针）。

第7~9行： 重复第5~6行，然后重复第5行（计作2针）。

第10行： 1针短针，短针1针分2针，1针锁针，翻面（计作3针）。

第11行： 1针短针，短针2针并1针，1针锁针，翻面（计作2针）。

第12行： 1针短针，短针1针分2针，1针锁针，翻面（计作3针）。

第13行： 3针短针，1针锁针，翻面（计作3针）。

第14行： 2针短针，短针1针分2针，1针锁针，翻面（计作4针）。

第15行： 短针1针分2针，3针短针，1针锁针，翻面（计作5针）。

第16行： 5针短针，1针锁针，翻面（计作5针）。

第17行： 4针短针，短针1针分2针，1针锁针，翻面（计作6针）。

第18行： 短针1针分2针，3针短针，短针2针并1针，1针锁针，翻面（计作6针）。

第19行： 短针2针并1针，2针短针，[短针1针分2针]重复2次，1针锁针，翻面（计作7针）。

第20行： 短针1针分2针，6针短针，1针锁针，翻面（计作8针）。

第21行： 短针2针并1针，6针短针（计作7针）。

打结收尾。

重复第1~21行制作第2个L3织片。

将2个织片边缘对齐放在一起，确保起始处的线头在左边。钩针同时插入2个织片左上方边缘的任意一针，沿着织片的边缘钩短针将2个织片缝合在一起，缝合至织片的下部（脚蹄处），然后按照下述方法钩各个转角。

转角： 在同一针内钩1针短针，1针锁针，1针短针。

继续钩另一侧，钩完顶部，将2个织片缝合在一起，每隔3、4针进行填充。填充顶部。引拔连接至起始针收口。打结收尾。放在一旁备用。

尾巴

使用线 A 钩 2 针锁针。

第 1 行：跳过 1 针，在第 2 针锁针内钩 1 针短针，1 针锁针，翻面（计作 1 针）。

第 2 行：短针 1 针分 3 针，1 针锁针，翻面（计作 3 针）。

第 3~5 行：3 针短针，1 针锁针，翻面（计作 3 针）。

第 6 行：3 针短针。

打结收尾。

重复第 1~6 行制作第 2 个尾巴织片。

将 2 个织片边缘对齐放在一起，确保起始处的线头在左边。钩针同时插入 2 个织片左上方边缘的任意一针，沿着织片的边缘钩短针将 2 个织片缝合在一起，缝合至尾巴的尖端，然后按照下述方法钩尖端。

尾巴的尖端：在同一针内钩 1 针短针，2 针锁针，1 针短针。

继续钩另一侧，钩完尾巴宽的一侧，将 2 个织片缝合在一起。填充。引拔连接至起始针收口。打结收尾。放在一旁备用。

耳朵

使用线 A 钩 7 针锁针。

第 1 行：跳过 1 针，在第 2~7 针锁针内各钩 1 针短针，1 针锁针，翻面（计作 6 针）。

第 2 行：短针 2 针并 1 针，4 针短针，1 针锁针，翻面（计作 5 针）。

第 3 行：5 针短针，1 针锁针，翻面（计作 5 针）。

第 4 行：短针 2 针并 1 针，3 针短针，1 针锁针，翻面（计作 4 针）。

第 5 行：2 针短针，短针 2 针并 1 针，1 针锁针，翻面（计作 3 针）。

第 6 行：短针 2 针并 1 针，1 针短针，1 针锁针，翻面（计作 2 针）。

第 7 行：1 针短针，其余不钩（计作 1 针）。

打结收尾。

重复第 1~7 行制作第 2 个耳朵织片。

将 2 个织片边缘对齐放在一起，确保起始处的线头在左边。钩针同时插入 2 个织片左上方边缘的任意一针。沿着织片的边缘钩短针将 2 个织片缝合在一起，缝合至织片的下部，然后按照下述方法钩各个转角。

转角：在同一针内钩 1 针短针，1 针锁针，1 针短针。

继续钩另一侧，钩完顶部，将 2 个织片缝合在一起，每隔 3、4 针进行填充。在钩到耳朵尖的时候，按照下述方法钩编。

耳朵尖：在同一针内钩 1 针短针，2 针锁针，1 针短针。

填充顶部。引拔连接至起始针。

打结收尾。放在一旁备用。

主体

头部

使用线 A 钩 4 针锁针。

第 1 行：跳过 1 针，在第 2~4 针锁针内各钩 1 针短针，9 针锁针，翻面（计作 3 针短针，9 针锁针）。

第 2 行：跳过 1 针，在第 2~9 针锁针内各钩 1 针短针，2 针短针，短针 1 针分 2 针，1 针锁针，翻面（计作 12 针）。

第 3 行：11 针短针，短针 1 针分 2 针，1 针锁针，翻面（计作 13 针）。

第 4 行：短针 1 针分 2 针，10 针短针，短针 2 针并 1 针，1 针锁针，翻面（计作 13 针）。

第 5 行：短针 2 针并 1 针，10 针短针，短针 1 针分 2 针，1 针锁针，翻面（计作 13 针）。

第 6、7 行：13 针短针。

第 8 行：短针 2 针并 1 针，9 针短针，短针 2 针并 1 针（计作 11 针）。

打结收尾。放在一旁。

第 4 条腿（L4）

使用线 A 钩 5 针锁针。

第 1 行：跳过 1 针，在第 2~5 针锁针内各钩 1 针短针，1 针锁针，翻面（计作 4 针）。

第 2 行：4 针短针，1 针锁针，翻面（计作 4 针）。

第 3 行：短针 2 针并 1 针，2 针短针，1

针锁针，翻面（计作 3 针）。

第 4 行：3 针短针，1 针锁针，翻面（计作 3 针）。

第 5 行：短针 2 针并 1 针，1 针短针，1 针锁针，翻面（计作 2 针）。

第 6 行：1 针短针，将钩针插入刚钩过 1 针短针的位置和下一针的位置钩短针 2 针并 1 针，1 针锁针，翻面（计作 2 针）。

第 7 行：2 针短针，1 针锁针，翻面（计作 2 针）。

第 8 行：1 针短针，将钩针插入刚钩过 1 针短针的位置和下一针的位置钩短针 2 针并 1 针，1 针锁针，翻面（计作 2 针）。

第 9~11 行：2 针短针，1 针锁针，翻面（计作 2 针）。

第 12 行：短针 1 针分 2 针，1 针短针，1 针锁针，翻面（计作 3 针）。

第 13~15 行：3 针短针，1 针锁针，翻面（计作 3 针）。

第 16 行：1 针短针，短针 2 针并 1 针，1 针锁针，翻面（计作 3 针）。

第 17 行：3 针短针，1 针锁针，翻面（计作 3 针）。

第 18 行：短针 1 针分 2 针，短针 2 针并 1 针，1 针锁针，翻面（计作 3 针）。

第 19 行：2 针短针，短针 1 针分 2 针，1 针锁针，翻面（计作 4 针）。

第 20 行：短针 1 针分 2 针，3 针短针，1 针锁针，翻面（计作 5 针）。

第 21 行：5 针短针，1 针锁针，翻面（计作 5 针）。

第 22 行：3 针短针，短针 2 针并 1 针，1 针锁针，翻面（计作 4 针）。

第 23 行：4 针短针，1 针锁针，翻面（计作 4 针）。

第 24 行：4 针短针。

打结收尾。放在一旁。

腹部

使用线 A 钩 17 针锁针。

第 1 行：跳过 1 针，在第 2~17 针锁针内各钩 1 针短针，1 针锁针，翻面（计作 16 针）。

第 2 行：［短针 1 针分 2 针］重复 2 次，12 针短针，［短针 1 针分 2 针］重复

2次，1针锁针，翻面（计作20针）。

第3行：短针1针分2针，18针短针，短针1针分2针，1针锁针，翻面（计作22针）。

将L4织片放在肚子织片的左侧，L4收尾处的线头在左边。在下一行同时钩过2个织片，将L4和肚子连在一起。

第4行：在肚子的前2针钩［短针1针分2针］重复2次，19针短针，在肚子的最后1针钩短针1针分2针，在L4上钩3针短针进行连接，在L4的最后1针钩短针1针分2针，1针锁针，翻面（计作30针）。

第5行：29针短针，短针1针分2针，1针锁针，翻面（计作31针）。

第6行：30针短针，短针1针分2针，1针锁针，翻面（计作32针）。

第7行：31针短针，短针1针分2针，1针锁针，翻面（计作33针）。

第8行：短针1针分2针，32针短针，1针锁针，翻面（计作34针）。

第9行：34针短针，1针锁针，翻面（计作34针）。

第10行：短针1针分2针，32针短针，短针1针分2针，1针锁针，翻面（计作36针）。

第11行：35针短针，短针1针分2针，1针锁针，翻面（计作37针）。

第12行：37针短针，1针锁针，翻面（计作37针）。

第13行：36针短针，短针1针分2针，1针锁针，翻面（计作38针）。

第14行：38针短针，1针锁针，翻面（计作38针）。

第15行：短针2针并1针，35针短针，短针1针分2针，1针锁针，翻面（计作38针）。

第16行：38针短针，1针锁针，翻面（计作38针）。

第17行：短针2针并1针，36针短针，1针锁针，翻面（计作37针）。

第18行：短针1针分2针，34针短针，短针2针并1针，1针锁针，翻面（计作37针）。

第19行：短针2针并1针，在刚钩好的这一针放置记号扣，35针短针，1

针锁针，翻面（计作36针）。

第20行：18针短针，其余不钩，1针锁针，翻面（计作18针）。

第21行：短针2针并1针，16针短针，1针锁针，翻面（计作17针）。

第22行：12针短针，短针2针并1针，其余不钩，1针锁针，翻面（计作13针）。

第23行：短针2针并1针，11针短针，1针锁针，翻面（计作12针）。

第24行：短针1针分2针，7针短针，（短针2针并1针）重复2次，1针锁针，翻面（计作11针）。

第25行：11针短针，翻面（计作11针）。

第26行：9针短针，短针2针并1针，1针锁针，翻面（计作10针）。

第27~30行：10针短针，1针锁针，翻面（计作10针）。

第31行：短针2针并1针，8针短针，1针锁针，翻面（计作9针）。

第32行：1针短针，在刚钩好的短针内放置记号扣，6针短针，短针2针并1针，1针锁针，翻面（计作8针）。

第33行：6针短针，短针2针并1针，1针锁针，翻面（计作7针）。

第34行：5针短针，短针2针并1针，1针锁针，翻面（计作6针）。

第35行：短针2针并1针，2针短针，短针2针并1针，1针锁针，翻面（计作4针）。

将头部织片放在身体织片的左侧，头部收尾处的线头在左边。在下一行同时钩2个织片连接头部和身体。

第36行：在身体上钩4针短针，在头部钩11针短针进行连接，1针锁针，翻面（计作15针）。

第37行：短针2针并1针，11针短针，短针2针并1针；使用线B钩4针锁针，翻面（计作13针短针，4针锁针）。

第38行：使用线B，跳过1针，在第2~4针锁针内各钩1针短针；使用线A钩13针短针，1针锁针，翻面（计作16针）。

第39行：使用线A钩短针2针并1针，11针短针；使用线B钩1针短针，

［短针1针分2针］重复2次，1针锁针，翻面（计作17针）。

第40行：使用线B钩短针1针分2针，4针短针；使用线A钩8针短针，［短针2针并1针］重复2次（计作16针）。

打结收尾。

将头部放在右侧，正面面向自己，将钩针插入从右边数的第8针，重新接线。

第41行：使用线A钩4针短针；使用线B钩5针短针，1针锁针，翻面（计作9针）。

第42行：使用线B钩短针1针分2针，4针短针；使用线A钩2针短针，短针2针并1针，1针锁针，翻面（计作9针）。

第43行：使用线A钩短针2针并1针，2针短针；使用线B钩5针短针，1针锁针，翻面（计作8针）。

第44行：使用线A钩1针短针；使用线B钩3针短针，使用线A钩2针短针，短针2针并1针，1针锁针，翻面（计作7针）。

第45行：使用线A钩［短针2针并1针］重复2次，3针短针（计作5针）。

打结收尾。

将头部放在左侧，摘掉第19行的记号扣。将钩针插入同一针，按照下述方法钩编以完成主体织片并给后背增加一个弧度。

第1行：［短针2针并1针］重复2次，6针短针，短针2针并1针（计作9针）。

打结收尾。将线头藏在织片的背面。

重复主体部分的所有步骤以制作第2个主体背部织片，整个部分使用线A钩编，不用线B。将线头藏在背部织片的前面，这样在对齐织片时所有的线头都在内侧。

鹿角（可选）

使用线A钩3锁针。

第1行：跳过1针，在第2、3针锁针内各钩1针短针，1针锁针，翻面（计作2针）。

组装

将一个 6mm 的玩偶眼睛插入头部织片的前片，位于第6、7行之间，从左数第6、7针之间。

剪出 4 段长 30cm 的线 A，放在一旁备用。

将 2 个主体织片放在一起，边缘对齐。在缝合外边缘时，玩偶的正面（用线 B 钩编的一面）应该面对自己。

连接主体和腿

摘掉主体织片前片和后片第 32 行的记号扣。将钩针同时插入 2 个织片的同一针。使用线 A，沿着 2 个织片的边缘钩短针将它们缝合。沿着颈部向下钩，直到钩到肚子下端约 7 行上方、颈部 / 肚子的下端曲线位置。

将 L1 夹在 2 个主体织片的中间。用之前放在一旁的线 A，将 L1 缝在 2 个织片中间，同时缝合 3 个部分：主体前片、L1 和主体后片。打结固定。将线尾藏在 2 个织片中间。

继续钩肚子底部。在 L1 处，只钩前片，因为这一部分已经缝合。继续将 2 个织片钩在一起，直到钩到肚子底部一半的位置。

用之前放在一旁的第 2 段线，将 L3 夹在 2 个织片的中间，按与 L1 相同的方法固定。

继续沿着织片钩编，直到钩到 L4 下端的转角（脚蹄处），然后按如下方法钩编。

转角

在同一针内钩（1 针短针，1 针锁针，1 针短针）。继续钩 L4 的另一侧，每隔 3、4 针填充，直到钩到身体的右上角。

尾巴

将尾巴夹在 2 个织片中间，用之前放在一旁的线将它们缝在一起。继续沿

第 2~7 行：2 针短针，1 针锁针，翻面（计作 2 针）。

第 8 行：短针 2 针并 1 针，在同一针内钩 1 针短针，1 针锁针，翻面（计作 2 针）。

第 9 行：1 针短针，将钩针插入刚钩过 1 针短针的位置和下一针的位置钩短针 2 针并 1 针，1 针锁针，翻面（计作 2 针）。

第 10 行：重复第 8 行。

第 11 行：短针 1 针分 2 针，1 针短针，1 针锁针，翻面（计作 3 针）。

第 12 行：短针 2 针并 1 针，短针 1 针分 2 针，1 针锁针，翻面（计作 3 针）。

第 13 行：短针 1 针分 2 针，短针 2 针并 1 针（计作 3 针）。

打结收尾。

旋转织片，使织片呈水平方向，起始锁针位于右下角。将钩针插入织片的第 7 行和第 8 行之间，按如下方法钩编。

第 1、2 行：2 针短针，1 针锁针，翻面（计作 2 针短针）。

第 3 行：短针 2 针并 1 针，在同一针内钩 1 针短针，1 针锁针，翻面。

第 4 行：钩 1 针短针，在同一针内钩短针 2 针并 1 针。

打结收尾。藏好线尾。

以相同方法钩编第 2 个鹿角织片。将 2 个织片放在一起。钩针同时穿过 2 个织片，沿着边缘钩短针，将 2 个织片缝合在一起。引拔连接至起始针收口。不需要填充。

以相同方法制作另一个鹿角。

着后背钩编，钩得松一些，使线条
平滑。紧实地填充主体。

继续钩颈部，每隔 3、4 针紧实地填充。
围绕头部下端和侧边钩编，直到钩
到头部的右上角。紧实地填充头部。

耳朵

将耳朵夹在头部的上端，用之前放在
一旁的线缝合固定。

继续围绕头部顶端和另一只耳朵钩编，
每隔 3、4 针进行填充。

在耳朵尖端按如下方法钩编。

耳朵尖端

在同一针内钩（1 针短针，2 针锁针，1
针短针）。

沿着耳朵钩编，在钩到线 B 部分的时
候换成线 B。这时耳朵下边会有一
个小开口。完成填充。换回线 A，继
续钩边缘。填充好之后，与第 1 针引
拔连接收口。打结收尾。使用缝针，
将线尾带到织片内侧。

腿（L2）

将 L2 缝在主体前片上，距背部约 5
行的位置（使脚蹄全部对齐）。根据
喜好，可将 L1 和 L2 的脚蹄粗缝在
一起。

根据喜好，可将犄角缝在耳朵后面。

魔法背后

当哈利第一次学习召唤守护神时，他只能变出一个
朦胧、虚幻的"盾牌"。视觉效果团队为"盾牌"尝试了
许多不同的外观，包括他们称之为喷灯、喷彩摩丝、魔
法烟雾和液态金属的测试，最后才确定了守护神最终的
外观形态。

上图：亚当·布罗克班克的牡鹿守护神概念艺术图

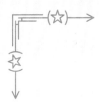
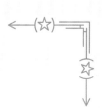

魔法服装

真实还原电影的标志性服装

"妈妈给我寄了条裙子。"

"颜色跟你眼睛挺搭。是不是还有软帽?"

罗恩·韦斯莱,哈利·波特

电影《哈利·波特与火焰杯》

基础针法
视频讲解
[不含特殊针法]

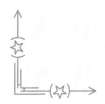
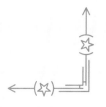

霍格沃茨学院围巾

THE HOGWARTS HOUSE SCARVES

设计：凯琳·盖伦（Kaelyn Guerin）

难度系数 ⚡

霍格沃茨魔法学校的每一个学院都有其代表的动物和颜色。对于学生们来说，展示自己学院的颜色是学院荣誉感的重要表现。这些颜色成为分辨朋友和表达自我的决定性因素，并反映在他们的穿着中。在魁地奇比赛中，格兰芬多学院的学生穿着红色和金色服装来表达他们对自己学院球队的支持，斯莱特林学院的学生穿着银色和绿色服装，赫奇帕奇学院的学生穿着黄色和黑色服装，拉文克劳学院的学生穿着蓝色和灰色服装。而最流行的学院服装配饰当属著名的学院围巾。

这款学院围巾作品使用阿富汗钩针编织而成，这是一种带有细长的可拆卸针绳的钩针。阿富汗钩针编织是钩针编织和棒针编织的结合，可以通过钩针编织轻松呈现出棒针编织的纹理效果。这款作品非常适合阿富汗针新手尝试。

尺码
均码

完成尺寸
宽度： 16cm
长度： 183cm

毛线
CASCADE YARNS 220 Superwash Aran, #4 粗（100% 超耐水洗美丽奴羊毛，137.5m/100g/ 团）
主色线，1 团
配色线，1 团
格兰芬多： #809 正红色（主色线）和 #241 向日葵（配色线）
赫奇帕奇： #821 黄水仙（主色线）和 #815 黑色（配色线）
拉文克劳： #813 蓝丝绒（主色线）和 #875 羽毛灰（配色线）
斯莱特林： #801 军绿色（主色线）和 #875 羽毛灰（配色线）

钩针
- 5mm 阿富汗钩针或达到编织密度所需型号

辅助材料和工具
- 缝针

编织密度
- 使用 5mm 阿富汗钩针
  10cm × 10cm=16 针 × 21 行

（下转第 62 页）

(上接第61页)

[注]

• 在前进编织起始处钩针上已有的线圈计作第1针。跳过1针锁针，直接钩第2针锁针。在起针行之后的其他行，第1个线圈也计作第1针。将钩针插入第2个竖条完成阿富汗针的下针。

• 在前进编织的最后1针换颜色。使用新线在针上绕线，然后从最后2个线圈中拉出。使用新线完成后退编织。在换颜色后剪断旧线，留出一段长线尾，便于收线头。

特殊针法

收针：将钩针插入下一个竖条的下面，针上绕线，然后同时从竖条和钩针上的线圈中拉出（类似于引拔针）；重复这个步骤钩这一行，直到钩针上只剩1个线圈。剪断线，留出一段线尾，从线圈中拉出，打结收尾。

阿富汗针

阿富汗针是一种使用阿富汗钩针的技法，阿富汗钩针是一种带有加长手柄或可拆卸针绳的钩针。每一行的

阿富汗针均由前进编织和后退编织组成。阿富汗针的下针针脚看起来像棒针编织的针脚。花样反面一侧的每个脊都包含前进编织和后退编织，钩编时不用翻面。

从起针行开始钩编阿富汗针：钩锁针钩出想要的针数。

第1行（起针行，前进编织）：跳过1针，从第2针锁针的里山中拉出1个线圈，之后的每一针锁针以相同的方式钩编，将线圈留在钩针上；重复这个方法，钩完这一行，不要翻面。

第1行（起针行，后退编织）：针上绕线，从1个线圈中拉出，[针上绕线，从2个线圈中拉出]重复直到钩针上只剩1个线圈。

在起针行完成之后，开始逐行钩编。每一行都要进行1次前进编织和1次后退编织。进行前进编织时，按如下步骤钩阿富汗针的下针钩完这一行。

阿富汗针的下针：从第2个竖条开始，将钩针从前向后插入前后竖条的中间，拉出1个线圈。在每一对竖条重复这个步骤钩完这一行，最后1针同时插入前后2个竖条。

然后按如下步骤进行后退编织。

后退编织：针上绕线，从1个线圈中拉出，[针上绕线，从2个线圈中拉出]重复直到钩针上只剩1个线圈。

在钩编完成后收针时，将钩针插入下一个竖条的下面，针上绕线，然后同时从竖条和钩针上的线圈中拉出（类似于引拔针）；重复这个步骤钩这一行，直到钩针上只剩1个线圈。剪断线，留出一段线尾，从线圈中拉出，打结收尾。

上图：电影《哈利·波特与火焰杯》中塞德里克·迪戈里和秋·张戴着赫奇帕奇和拉文克劳学院的围巾

围巾

主色色块

使用主色线，钩25针锁针。

第1行 (起针行，前进编织)： 跳过1针，在第2针锁针的里山中拉出1个线圈，之后的每一针锁针以相同的方式钩编，将线圈留在钩针上；重复这个方法，钩完这一行，不要翻面。

第1行 (起针行，后退编织)： 针上绕线，从1个线圈中拉出线，[针上绕线，从2个线圈中拉出线]重复至钩针上只剩1个线圈 (计作25针)。

第2行 (前进编织)： 钩阿富汗针的下针，钩完这一行。

第2行 (后退编织)： 针上绕线，从1个线圈中拉出，[针上绕线，从2个线圈中拉出]重复直到钩针上只剩1个线圈 (计作25针)。

第3~29行： 重复第2行。主色色块长约14cm。

条纹色块

第30行： 按第2行钩编至最后1针，用配色线在针上绕线并钩完这一针。用配色线进行后退编织。

第31~32行： 用配色线，重复第2行。

第33行： 按第2行钩编至最后1针，用主色线在针上绕线并钩完这一针。用主色线进行后退编织。

第34、35行： 用主色线，重复第2行。

第36行： 重复第30行。

第37、38行： 重复第31、32行。

第39行： 重复第33行。

重复直到完成10个主色色块和9个条纹色块。在第10个主色色块的第30行收针。

收尾

藏好线尾。

剪50段主色线，每段长约10cm。用钩针在两端的每一针上加入一段新线。修剪整齐。

对作品进行湿定型，最大限度地减少织片的自然卷曲。

魔法背后

在电影《哈利·波特与魔法石》中，服装设计师茱迪安娜·马科夫斯基承担了为剧组设计霍格沃茨校服的任务。她的创意灵感来自经典的英国男生校服，但她同时也考虑到："它必须符合大家对魔法世界的想象，所以我们给孩子们穿着传统的英式校服，每个学院用不同的颜色区分，给教授穿着略有不同的传统礼服。"

"你是个<u>巫师</u>，哈利。"

海格　电影《哈利·波特与魔法石》

—☆—

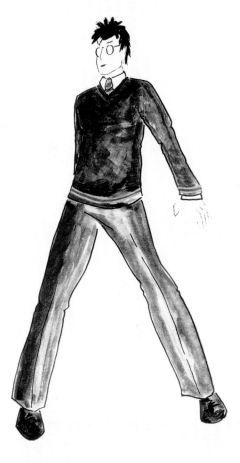

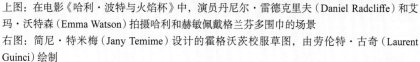
上图：在电影《哈利·波特与火焰杯》中，演员丹尼尔·雷德克里夫（Daniel Radcliffe）和艾玛·沃特森（Emma Watson）拍摄哈利和赫敏佩戴格兰芬多围巾的场景

右图：简尼·特米梅（Jany Temime）设计的霍格沃茨校服草图，由劳伦特·古奇（Laurent Guinci）绘制

罗恩的
三把扫帚毛衣
RON'S THREE
BROOMSTICKS SWEATER

设计：萨拉·杜德克（Sara Dudek）

难度系数 ⚡⚡

到霍格沃茨学校外的霍格莫德村（Hogsmeade）游玩对年轻的巫师们来说是一件大事，只有获得父母或其他监护人许可的三年级以上学生才能在周末前往。他们可以走进风景秀丽的村庄，在大街上游玩。这里的街道两旁有许多商店和酒吧，其中就包括受欢迎的三把扫帚酒吧。在《哈利·波特与混血王子》的经典场景中，哈利、罗恩和赫敏光顾了三把扫帚酒吧，这也意味着他们可以暂时脱下巫师长袍，展现个人风采。

服装设计师简尼·特米梅（Jany Temime）在设计罗恩的造型时考虑了韦斯莱家族的整体审美。从一开始，韦斯莱家族的配色就由对比鲜明的绿色、橙色和红色组成。罗恩去三把扫帚酒吧穿的毛衣也不例外。

罗恩的三把扫帚毛衣由不同深浅的橙色、棕色、海军蓝和奶油色组成。这款毛衣采用一片式编织并缝合在一起，经典的祖母花纹呈现出如同莫丽（译注：罗恩的母亲）亲手制作一般的毛衣外观。罗纹衣领和罗纹袖口为这款拉链毛衣增添了舒适感。

尺码
S（M, L, XL）（2XL, 3XL, 4XL, 5XL）
成品展示为 M 码。
教程标注为最小尺寸，较大的尺寸在括号中备注；当只有一个数字时，适用于所有尺码。

完成尺寸
胸围：91.5（101.5, 112, 122）（132, 142, 152.5, 162.5）cm
长度（前中线）：66（66, 71, 71）（71, 76, 76, 76）cm
留出 5~10cm 的放松量（参见示意图）。

毛线
WECROCHET Wool of the Andes Roving，#4 粗（100% 秘鲁高原羊毛，100m/50g/ 团）
主色线：#25073 荆棘混色，3（3, 4, 4）（5, 5, 6, 6）团
配色线1：#23893 琥珀混色，2（2, 3, 3）（3, 4, 4, 4）团
配色线2：#24075 驼色混色，2（2, 3, 3）（3, 4, 4, 4）团
配色线3：#25066 至日混色，2（2, 2, 3）（3, 3, 3, 4）团
配色线4：#24077 鸽子混色，3（3, 4, 4）（4, 5, 5, 6）团
配色线5：#24280 柿子混色，2（2, 2, 3）（3, 3, 3, 4）团

（下转第 68 页）

（上接第67页）

钩针

- 6mm 钩针或达到编织密度所需型号

辅助材料和工具

- 缝针
- 记号扣
- 与主色线颜色匹配的分开式拉链，长 66(66, 71, 71)(71, 76, 76, 76) cm
- 缝纫针和与主色线颜色匹配的线

编织密度

- 使用 6mm 钩针钩亚麻针（短针和锁针均计入针数）
  10cm × 10cm=15 针 × 16 行

[注]

- 毛衣从下往上一片式钩编，然后前后片分开，之后在肩部上端缝合。袖子直接从开衫上钩编，向下钩到袖口。之后钩衣领和门襟。
- 按照说明逐行钩编，同时根据编织图（第72页）钩出彩色条纹。在钩编彩色条纹时，如果颜色变化快，将不用的颜色线放在一旁待用。如果颜色变化慢，剪断不用的颜色线，在需要时重新接线。
- 毛衣采用亚麻针钩编。每行以 2 针锁针开头，以短针结尾。

特殊针法

亚麻针（2针的倍数）

第1行：跳过 2 针，在第 3 针锁针内钩 1 针短针（跳过的 2 针锁针计作 1 针锁针孔眼），[在下一针锁针内钩 1 针短针，1 针锁针，跳过下一针锁针]重复至最后 1 针锁针，在最后 1 针锁针内钩 1 针短针，翻面。

第2行：2 针锁针（计作第 1 个 1 针锁针孔眼），[跳过 1 针短针，在上一行的 1 针锁针孔眼内钩 1 针短针，1 针锁针]重复至最后 1 个 1 针锁针孔眼，在最后 1 个 1 针锁针孔眼内钩 1 针短针。

重复第 2 行形成花样。

底部罗纹

使用主色线，钩 9 针锁针。

第1行：跳过 1 针，在第 2~9 针锁针内各钩 1 针短针，翻面（计作8针）。

第2行：1 针锁针，在之后每针锁针挑后半针各钩 1 针短针，翻面。

第3~136(148, 164, 180)(196, 208, 224, 240) 行：重复第 2 行。

不要打结，收尾。

毛衣身体部位

起针行1(正面)：2 针锁针，将罗纹织片旋转 90°，在罗纹行的末端开始钩编，跳过第 1 个短针行，[在下一个短针行钩短针，钩 1 针锁针，跳过下一个短针行]重复直到钩完，在最后 1 个短针行内钩 1 针短针结束，翻面，计作 68(74, 82, 90)(98, 104, 112, 120) 个 1 针锁针孔眼，68(74, 82, 90)(98, 104, 112, 120) 针短针。

起针行2(反面)：2 针锁针（这里和之后均计作第 1 个 1 针锁针孔眼），跳过第 1 针短针，在 1 针锁针孔眼内钩短针，钩亚麻针钩完这一行，翻面。

参照编织图对应的颜色钩编每一行。

第1~60行：2 针锁针，在 1 针锁针孔眼内钩短针，钩亚麻针钩完这一行，翻面。

右前片

第1~24(24, 28, 28)(28, 34, 34, 34) 行：钩 2 针锁针，在之后 34(36, 40, 44)(48, 52, 56, 60) 针内钩亚麻针，翻面，计作 17(18, 20, 22)(24, 26, 28, 30) 个 1 针锁针孔眼，17(18, 20, 22)(24, 26, 28, 30) 针短针。

打结收尾。

领口成型

第1行(正面)：在距前边缘 4(4, 5, 5)(5, 6, 6, 6) 个锁针孔眼的位置接线（颜色与编织图一致），在之后 26(28, 30, 34)(38, 40, 44, 48) 针内钩亚麻针，翻面，计作 13(14, 15, 17)(19, 20, 22, 24) 个 1 针锁针孔眼，13(14, 15, 17)(19, 20, 22, 24) 针短针。

第2行(翻面)：2 针锁针，在之后 24(26, 28, 32)(36, 38, 42, 46) 针内钩亚麻针，翻面，计作 12(13, 14, 16)(18, 19, 21, 23) 个 1 针锁针孔眼，12(13, 14, 16)(18, 19, 21, 23) 针短针。

第3行：2 针锁针，跳过（1 针短针，1 针锁针孔眼，1 针短针），在第 2 个锁针孔眼内钩短针，钩亚麻针钩完这一行，翻面，计作 11(12, 13, 15)(17, 18, 20, 22) 个 1 针锁针孔眼，11(12, 13, 15)(17, 18, 20, 22) 针短针。

第4行：2 针锁针，在之后 20(22, 24, 28)(32, 34, 38, 42) 针内钩亚麻针，翻面，计作 10(11, 12, 14)(16, 17, 19, 21) 个 1 针锁针孔眼，10(11, 12, 14)(16, 17, 19, 21) 针短针。

肩斜成型

第1行(正面)：2 针锁针，钩亚麻针至最后 1 个 1 针锁针孔眼，翻面，计作 9(10, 11, 13)(15, 16, 18, 20) 个 1 针锁针孔眼，9(10, 11, 13)(15, 16, 18, 20) 针短针。

第2行(反面)：2 针锁针，跳过 1 针锁针孔眼，从第 2 个 1 针锁针孔眼内开始钩亚麻针，钩完这一行，翻面，计作 8(9, 10, 12)(14, 15, 17, 19) 个 1 针锁针孔眼，8(9, 10, 12)(14, 15, 17, 19) 针短针。

第3行：2 针锁针，钩亚麻针至倒数第 2 个 1 针锁针孔眼，翻面，计作 7

（8, 9, 11）（13, 14, 16, 18）个 1 针锁针孔眼，7（8, 9, 11）（13, 14, 16, 18）针短针。

第 4 行：钩 2 针锁针，跳过 1 个 1 针锁针孔眼，从第 2 个 1 针锁针孔眼内开始钩亚麻针，钩完这一行，计作 6（7, 8, 10）（12, 13, 15, 17）个 1 针锁针孔眼，6（7, 8, 10）（12, 13, 15, 17）针短针。

打结收尾。

后片

在右前片最后 1 针短针的同一针，根据编织图接下一个颜色的线。

第 1~28（28, 32, 32）（32, 38, 38, 38）行：2 针锁针，在之后的 68（76, 84, 92）（100, 104, 112, 120）针内钩亚麻针，以短针结束，翻面，计作 34（38, 42, 46）（50, 52, 56, 60）个 1 针锁针孔眼，34(38, 42, 46)(50, 52, 56, 60)针短针。

后背肩斜成型

第 1 行（正面）：2 针锁针，跳过 1 个 1 针锁针孔眼，从第 2 个 1 针锁针孔眼内开始钩亚麻针，直到挨着最后 1 个 1 针锁针孔眼，翻面，计作 32（36, 40, 44）（48, 50, 54, 58）个 1 针锁针孔眼，32(36, 40, 44)(48, 50, 54, 58)针短针。

第 2~4 行：重复第 1 行，在第 4 行之后计作 26（30, 34, 38）（42, 44, 48, 52）个 1 针锁针孔眼，26(30, 34, 38)(42, 44, 48, 52)针短针。

打结收尾。

左前片

在后片第 1 行的最后 1 针短针的同一针内，根据编织图接下一个颜色的线。

第 1~24（24, 28, 28）（28, 34, 34, 34）行：2 针锁针，在之后的 34（36, 40, 44）（48, 52, 56, 60）针内钩亚麻针，以短针结束，翻面，计作 17（18, 20, 22）（24, 26, 28, 30）个 1 针锁针孔眼，17（18, 20, 22）（24, 26, 28, 30）针短针。

领口成型

第 1 行（正面）：2 针锁针，在之后的 26

（28, 30, 34）（38, 40, 44, 48）针内钩亚麻针，其余不钩，翻面，计作 13(14, 15, 17)（19, 20, 22, 24）个 1 针锁针孔眼，13(14, 15, 17)（19, 20, 22, 24）针短针。

第 2 行（反面）：2 针锁针，跳过 1 个 1 针锁针孔眼，从第 2 个 1 针锁针孔眼开始钩亚麻针，钩完这一行，翻面，计作 24（26, 28, 32）（36, 38, 42, 46）针：12（13, 14, 16）（18, 19, 21, 23）个 1 针锁针孔眼，12（13, 14, 16）（18, 19, 21, 23）针短针。

第 3 行：2 针锁针，钩亚麻针直到倒数第 2 个 1 针锁针孔眼，翻面，计作 22(24, 26, 30)（34, 36, 40, 44）针：11（12, 13, 15）（17, 18, 20, 22）个 1 针锁针孔眼，11（12, 13, 15）（17, 18, 20, 22）针短针。

第 4 行：2 针锁针，跳过 1 个 1 针锁针孔眼，从第 2 个 1 针锁针孔眼内开始钩亚麻针，钩完这一行，翻面，计作 20（22, 24, 28）（32, 34, 38, 42）针：

10（11, 12, 14）（16, 17, 19, 21）个 1 针锁针孔眼，10（11, 12, 14）（16, 17, 19, 21）针短针。

肩斜成型

第 1 行（正面）：2 针锁针，跳过 1 个 1 针锁针孔眼，从第 2 个 1 针锁针孔眼开始钩亚麻针，钩完这一行，翻面，计作 9（10, 11, 13）（15, 16, 18, 20）个 1 针锁针孔眼，9（10, 11, 13）（15, 16, 18, 20）针短针。

第 2 行（反面）：2 针锁针，钩亚麻针直到挨着倒数第 2 个锁针孔眼，翻面，计作 8(9, 10, 12)（14, 15, 17, 19）个 1 针锁针孔眼，8(9, 10, 12)（14, 15, 17, 19）针短针。

第 3 行：2 针锁针，跳过 1 个 1 针锁针孔眼，从第 2 个 1 针锁针孔眼内开始钩亚麻针，钩完这一行，翻面，计作 7（8, 9, 11）（13, 14, 16, 18）个 1 针锁针孔眼，7（8, 9, 11）（13, 14, 16, 18）针短针。

第4行：2针锁针，钩亚麻针直到倒数第2个锁针孔眼，计作6(7、8、10)(12、13、15、17)个1针锁针孔眼，6(7、8、10)(12、13、15、17)针短针。

打结收尾。

钩引拔针缝合2个肩膀，确定缝份在作品的反面。

袖子(制作2个)

[注]用亚麻针环绕袖窿钩袖子，当钩锁针时，按照亚麻针的钩法，跳过这些行。将这部分不断翻面进行环形钩编。

在两个前侧领口塑形之前，使用最终颜色的线，按照编织图上下颠倒的顺序钩袖子（这样就与身体部分颜色对应了），在2个前身和后背分界处，以及前身外边缘行的一侧接线。

第1圈：2针锁针，跳过1针短针，在1针锁针孔眼内钩1针短针，继续在身体行的边缘内钩亚麻针，当钩到起始位置的时候，以1针短针结束，引拔连接至开始的2针锁针，翻面，计作28(28、32、32)(32、38、38、38)个1针锁针孔眼，28(28、32、32)(32、38、38、38)针短针。

第2圈：钩2针锁针，跳过1针短针，在锁针孔眼内钩1针短针，继续钩亚麻针钩完一圈，以1针短针结束，引拔连接开始的2针锁针，翻面，计作28(28、32、32)(32、38、38、38)个锁针孔眼，28(28、32、32)(32、38、38、38)针短针。

第3~10圈：重复第2圈。

第11圈(减针圈)：2针锁针，跳过第1个1针锁针孔眼，钩一圈亚麻针，以倒数第2个锁针孔眼的短针结束，引拔连接开始的2针锁针，翻面，计作26(26、30、30)(30、36、36、36)个1针锁针孔眼，26(26、30、30)(30、36、36、36)针短针。

第12~20行：重复第2行。

第21圈(减针圈)：重复第11圈，计作24(24、28、28)(28、34、34、34)个1针锁针孔眼，24(24、28、28)(28、34、34、34)针短针。

第22~30行：重复第2行。

第31圈(减针圈)：重复第11圈，计作

22(22、26、26)(26、32、32、32)个1针锁针孔眼，22(22、26、26)(26、32、32、32)针短针。

第32~40圈：重复第2圈。

第41圈(减针圈)：重复第11圈，计作20(20、24、24)(24、30、30、30)个1针锁针孔眼，20(20、24、24)(24、30、30、30)针短针。

第42~50圈：重复第2圈。

第51圈(减针圈)：重复第11圈，计作18(18、22、22)(22、28、28、28)个1针锁针孔眼，18(18、22、22)(22、28、28、28)针短针。

第52~60圈：重复第2圈。

第61圈：重复第11圈，计作16(16、20、20)(20、26、26、26)个1针锁针孔眼，16(16、20、20)(20、26、26、26)针短针。

第62圈：重复第2圈。

袖口罗纹

用主色线，钩7针锁针。

第1行：跳过1针，在第2~7针锁针内各钩1针短针(计作6针)。

第2行：在短针内钩1针引拔针，在亚麻针的1针锁针孔眼内钩1针引拔针，翻面，在上一行只挑后半针钩短针，翻面(计作6针)。

第3行：1针锁针，只挑后半针钩短针，钩完这一行，翻面。

重复第2、3行，继续沿着袖口钩编，直到罗纹与整个袖口对齐。用引拔针缝合连接罗纹，确保缝份出现在袖子的反面。

打结收尾。

领口

用主色线，将线连接到领口右前方的边缘。

第1行：2针锁针，从右领口至右肩，穿过后背，穿过左肩，沿着左前领口周围钩亚麻针，确保亚麻针均匀钩编，不会引起褶皱（跳过的针不够）或者引起孔洞（跳过的针太多），以1针短针结束，翻面。

第2行：2针锁针，钩1行亚麻针，在前面和后面肩部缝合处钩短针2针并1针（在锁针孔眼内钩编并跳过短

针），翻面。

第3行：重复第2行。

领口罗纹

用主色线钩9(9、11、11)(11、13、13、13)针锁针。

第1行：朝向领口，跳过1针，在第2针锁针和之后的每一针锁针内各钩1针短针，计作8(8、10、10)(10、12、12、12)针短针。

第2行：在领口的短针内钩1针引拔针，在领口亚麻针的1针锁针孔眼内钩1针引拔针，翻面，在上一行只挑后半针钩短针，翻面。

第3行：钩1针锁针，只挑后半针钩短针，钩完这一行。

重复第2、3行，钩完整个领口。

打结收尾。

门襟(缝拉链位置)

在前身的一个转角处接主色线。在底边罗纹、身体和领口边缘的亚麻针行的边缘处钩2行亚麻针，注意在所有换线痕迹的上面钩编，把这些痕迹藏在开衫的内侧。

打结收尾。在另一侧重复这一步骤。

收尾

藏好所有线尾，按照对应尺寸定型。对织片进行湿定型时，亚麻针会很容易拉伸，因此建议直接用水喷湿。如果使用湿定型，晾干时不要将亚麻针过分拉伸。

使用开尾拉链，用缝针和线，将拉链缝到开衫的两侧门襟上。在缝合时，确保拉上拉链时，彩色条纹对齐。在缝拉链时不要拉伸织片，这样会使拉链起皱。

魔法背后

服装设计师简尼·特米梅非常喜欢为罗恩设计服装，他的服装遵循橙色、绿色和棕色的韦斯莱家族专属配色，以及格子和条纹图案。

"你也听见她在酒吧时说
假设我和她亲嘴的那些话了吧?"
"好像吧。"

罗恩·韦斯莱，哈利·波特
电影《哈利·波特与混血王子》

上图：电影《哈利·波特与混血王子》中的罗恩、哈利和赫敏

编织图

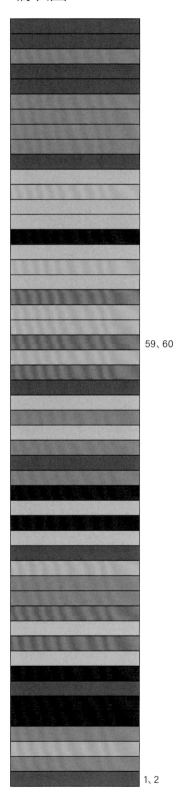

59、60

1、2

■ 用主色线钩亚麻针

■ 用配色线1钩亚麻针

■ 用配色线2钩亚麻针

■ 用配色线3钩亚麻针

□ 用配色线4钩亚麻针

■ 用配色线5钩亚麻针

说明

- 编织图中的每个长方框代表2行亚麻针。
- 编织图在身体部分是从下到上钩编，袖子部分是从上到下钩编。
- 按照编织图中的颜色钩编所需行数，同时按照毛衣的说明进行钩编。较小的尺寸不用按照编织图钩完。

上图：电影《哈利·波特与混血王子》中，哈利、罗恩和赫敏在三把扫帚酒吧的卫生间发现了被诅咒的蛋白石项链，在麦格教授的办公室里接受审问

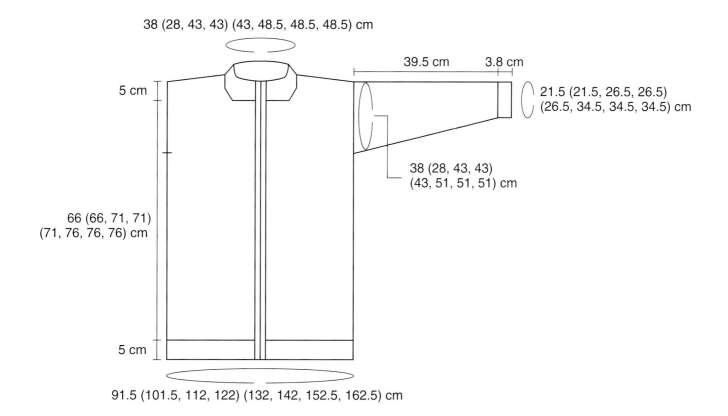

38 (28, 43, 43) (43, 48.5, 48.5, 48.5) cm

39.5 cm   3.8 cm

5 cm

21.5 (21.5, 26.5, 26.5)
(26.5, 34.5, 34.5, 34.5) cm

38 (28, 43, 43)
(43, 51, 51, 51) cm

66 (66, 71, 71)
(71, 76, 76, 76) cm

5 cm

91.5 (101.5, 112, 122) (132, 142, 152.5, 162.5) cm

赫敏的戈德里克
山谷套装
HERMIONE'S GODRIC'S
HOLLOW SET

设计：布里特·施米辛（Britt Schmiesing）

难度系数 ⚡⚡

在电影《哈利·波特与死亡圣器（上）》中，哈利和赫敏为了寻找格兰芬多宝剑来到了戈德里克山谷，这里也是哈利的出生地。在寻找魂器的过程中，为了找寻更多答案，他们在傍晚时分抵达了这个古色古香的都铎风格村落，这里的房屋都被新雪覆盖着。在一个被树木环绕的教堂墓地，哈利祭拜了他的父母——詹姆和莉莉。

戈德里克山谷的布景建在松林制片厂（Pinewood Studios）的花园里。"花园里有一棵傲然挺立的雪松树，我希望把它作为墓地的中心，"制作设计师斯图尔特·克莱格解释道，"我们建造了一个大场景：两条街道、一家酒吧、一个教堂、一个墓地、一些墓碑、一个教堂墓地大门，以及巴希达·巴沙特和哈利一家的废弃小屋。"

电影中，当赫敏在教堂墓地行动时，她戴着漂亮的紫色帽子和粉紫色相间的手套。作为这套舒适套装的复制品，这个作品的特点是带有精致纹路的钩针帽子，以及色彩缤纷的连指手套，织物泛着微微的光晕，非常适合在雪中漫步。

尺码
均码

完成尺寸
帽子
帽檐周长： 52cm
长度： 23cm
手套
手部周长： 19cm
长度： 29cm
注释： 拉伸后适合 20.5~21.5cm 周长。

毛线
帽子
BERROCO Ultra Wool DK，#3 中粗
　（100% 超耐水洗羊毛，267m/100g/ 团）
#83157 薰衣草，1 团
手套
BERROCO Pixel，#1 超细（100% 超耐
　水洗羊毛，300m/100g/ 团）
#2232 杯子蛋糕（喷染线），1 团

钩针
• 4mm 钩针或达到编织密度所需型号
• 5.5mm 钩针或达到编织密度所需型号

辅助材料和工具
• 可拆卸记号扣

（下转第 76 页）

(上接第75页)

编织密度

帽子

- 使用5.5mm钩针重复钩（1针短针，3针长针），10cm×10cm=5 1/2（1针短针，3针长针）×14圈

手套

- 使用4mm钩针钩短针

  10cm×10cm=22针×25行

[注]

- 边缘处用4mm钩针钩编单罗纹。帽子的主体用5.5mm钩针连续螺旋环形钩编。

- 随着钩编，将记号扣向上移。
- 手套从下往上连续螺旋环形钩编。
- 在钩编手套时，为了实现照片中的渐变宽条纹效果，将每个颜色分成小团毛线。每隔1~4行随机交替颜色，在短针最后拉线时换色。由于钩针的特点，每圈的第1针会稍微向左移动（或向右移动，取决于钩编时用哪只手）。尽量保持颜色变化垂直对齐。

特殊针法

长针减针：［针上绕线，将钩针插入指定针，针上绕线，将线拉出，针上绕线，将线从2个线圈中拉出］重复2次，针上绕线，将线从钩针上的3个线圈中拉出（计作减1针）。

短针减针：将钩针插入指定孔眼，针上绕线，从线圈中拉出，将钩针插入下一个指定孔眼，针上绕线，从线圈中拉出，针上绕线，将线从钩针上的3个线圈中拉出。

帽子

帽檐

使用4mm钩针，钩79针锁针。

第1圈： 跳过2针，从第3针锁针开始每一针锁针钩1针长针（跳过的锁针计作第1针长针）；引拔连接至开始的第2针锁针的上部（计作78针）。

第2圈： 松松地钩1针锁针，（1针外钩长针，1针内钩长针）重复39次，引拔连接至第1针外钩长针的顶部。

第3圈： 松松地钩1针锁针，在上一圈外钩长针处钩1针外钩长针，在内钩长针处钩1针内钩长针，这样钩一圈，引拔连接至第1针外钩长针的顶部。

帽身

第1圈： 使用5.5mm钩针，钩1针锁针，在第1针内钩（1针短针，3针长针），* 在下一针内钩（1针短针，3针长针），跳过1针，［在下一针内钩（1针短针，3针长针），跳过2针］重复12次**，在下一针内钩（1针短针，3长针）；重复 * 到 ** 钩完这一圈，在这一圈起始处放置记号扣，不做引拔，计作28组（1针短针，3针长针）。

第2圈： 在每一针短针内钩（1针短针，3针长针），钩完这一圈。

重复第2圈直到钩至从帽檐根部开始计算约15cm长度。

帽冠塑形

第1圈： * 在下一针短针内钩（1针短针，2针长针），［在下一针短针内钩（1针短针，3针长针）］重复3次；从 * 开始重复直到钩完这一圈，计作7组（1针短针，2针长针），21组（1针短针，3针长针）。

第2圈： *［在下一针短针内钩（1针短针，2针长针）］重复2次，［在下一针短针内钩（1针短针，3针长针）］重复2次；从 * 开始重复直到钩完这一圈，计作14组（1针短针，2针长针），14组（1针短针，3针长针）。

第3圈： *［在下一针短针内钩（1针短针，2针长针）］重复3次，在下一针短针内钩［1针短针，3针长针］；从 * 开始重复直到钩完这一圈，计作21组（1针短针，2针长针），7组（1针短针，3针长针）。

第4圈： ［在下一针短针内钩（1针短针，2针长针）］重复直到钩完这一圈，计作28组（1针短针，2针长针）。

第5圈： ［在下一针短针内钩（1针短针，1针长针），在下一针短针内钩（1针短针，2针长针）］重复直到钩完这一圈，计作14组（1针短针，1针长针），14组（1针短针，2针长针）。

第6圈： ［在下一针短针内钩（1针短针，1针长针）］重复直到钩完这一圈，计作28组（1针短针，1针长针）。

第7圈： ［在下一针短针内钩1针短针，在下一针短针内钩（1针短针，1针长针）］重复直到钩完这一圈，计作14针短针，14组（1针短针，1针长针）。

第8圈： ［跳过下一针短针，在下一针短针内钩（1针短针，1针长针）］重复直到钩完这一圈，计作14组（1针短针，1针长针）。

第9圈： 在下一针短针和长针内钩1针长针减针，重复直到钩完这一圈（计作7针长针）。

打结收尾。将线尾穿过7针长针2次，拉紧。藏好线尾。

上图：在电影《哈利·波特与死亡圣器（上）》中，赫敏戴着温暖的帽子和手套，在戈德里克山谷墓地中找到了死亡圣器的标志

手套

右手套

使用4mm钩针，钩44针锁针。

第1圈：跳过1针，在第2~44针锁针内各钩1针短针（计作43针）。

第2圈：注意不要拧转，放置记号扣标记一圈的起始处，随着钩编，将记号扣上移，钩1针短针，[1针锁针，跳过1针，在下一针短针内钩1针短针]重复直至钩完这一圈，计作22针短针，21个1针锁针孔眼。

第3圈：[钩1针锁针，跳过1针，在1针锁针孔眼内钩1针短针]重复直至钩完这一圈。

重复第3圈，按照喜好更换颜色，直到钩至约20cm长度。

拇指孔

下一圈：[1针锁针，在下一个1针锁针孔眼内钩1针短针]重复直到剩余4针短针和4个1针锁针孔眼，钩7针锁针，跳过7针，在最后1个1针锁针孔眼内钩1针短针。

下一圈：[1针锁针，在下一个1针锁针眼内钩1针短针]重复直到7针锁针前的最后1针短针，钩1针锁针，跳过1针，[在下一针锁针内钩1针短针，1针锁针，跳过1针锁针]重复4次。

重复第3圈直到钩至从起针处计算约29cm长度。

打结收尾。

拇指

第1圈：在拇指孔顶部中央的1针锁针孔眼内用引拔针带入新线，钩1针锁针，在同一个1针锁针孔眼内钩1针短针，1针锁针，跳过1针，[在下一个孔眼内钩1针短针，1针锁针，跳过1针]重复直到转角处，在拇指孔转角内钩1针短针，1针锁针，[在下一个1针锁针孔眼内钩1针短针，1针锁针，跳过1针]重复直到下一个转角，在拇指孔转角内钩1针短针，1针锁针，[在下一个1针锁针孔眼内钩1针短针，1针锁针，跳过1针]重复直到开始处（计作10针短针，9个1针锁针孔眼）。

第2圈：[在下一个1针锁针孔眼内钩1针短针，1针锁针]重复直到钩完这一圈。

重复第2圈至约2.5cm长度。

减针圈：在前2个1针锁针孔眼内钩短针2针并1针，1针锁针，[在下一个1针锁针孔眼内钩1针短针，1针锁针]重复直到钩完这一圈，计作9针短针，8个1针锁针孔眼。

重复第2行直到拇指部分约5cm长度或达到所需长度。

打结收尾。藏好线尾。

左手套

重复右手套的步骤直至拇指孔。

下一圈：7针锁针，跳过7针，在下一个1针锁针孔眼内钩1针短针，[1针锁针，在下一个1针锁针孔眼内钩1针短针]重复直到钩完这一圈。

下一圈：[1针锁针，跳过1针锁针，在下一个1针锁针内钩1针短针]重复4次，[1针锁针，在下一个1针锁针孔眼内钩1针短针]重复直到钩完这一圈。

其余部分重复右手套的步骤。

收尾

藏好线尾。

卢娜的短款开衫

LUNA'S CROPPED CARDIGAN

设计：布里特·施米辛（Britt Schmiesing）

难度系数

卢娜·洛夫古德在电影《哈利·波特与凤凰社》中首次登场，她是一位在很多方面都十分特别的女巫。 跟哈利一样，她也可以看到夜骐（Thestrals），所以当哈利第一次看到夜骐感到不安时，同样也能看到夜骐的卢娜安慰了哈利。在这部电影的后面，哈利发现卢娜在霍格沃茨的走廊上粘贴寻物启示。哈利问卢娜需不需要帮她寻找丢失的球鞋，卢娜却坚信"失去的东西到最后总有办法回来"，而后便在走廊的拱门上发现了球鞋。这一幕也让观众有机会欣赏到卢娜美丽但古怪的时尚品位。服装设计师简尼·特米梅一直认为卢娜："生活在她自己的手工世界中。她能看到别人看不到的东西，所以我想反映这一点。"她说，"一切都不搭配就是她的风格。"

卢娜的短款开衫是卢娜在《哈利·波特与凤凰社》中寻访夜骐时穿着的紫色开衫的复制品。卢娜经常穿着多层衣服，而这件开衫便是完美的叠穿单品。它的腋下采用方网编织，下摆饰有美丽的罗纹，无论衣橱里的款式多么古怪，它都可以任意搭配。

尺码

XS（S, M, L, XL, 2XL, 3XL）

成品展示为 S 码。

教程标注为最小尺寸，较大的尺寸在括号中备注；当只有一个数字时，它适用于所有尺码。

完成尺寸

胸围：86.5（96.5, 106.5, 117, 127, 137, 147.5）cm

长度：31（32, 33, 33.5, 35, 37.5, 38）cm

毛线

CASCADE YARNS Ultra Pima, #3 中粗（100% 比马棉，200m/100g/ 团）#3709 木紫色，3（3, 3, 3, 4, 4, 4）团。

钩针

- 3.75mm 钩针
- 4mm 钩针或达到编织密度所需型号

辅助材料和工具

- 可拆卸记号扣
- 缝针

编织密度

- 使用 4mm 钩针钩短针
  10cm × 10cm=16 针 × 10 行

（下转第 82 页）

（上接第 81 页）

[注]
- 开衫从上到下使用插肩式加针钩编。
- 罗纹下摆从一边到另一边分别钩编，然后用卷针缝缝合到上身。
- 蕾丝三角形营造出袖子飘逸的效果。

特殊针法

长针减针：[针上绕线，将钩针插入指定针，针上绕线，将线拉出，针上绕线，将线从 2 个线圈中拉出]重复 2 次，针上绕线，将线从钩针上的 3 个线圈中一次性拉出（计作减 1 针）。

狗牙针：钩 3 针锁针，引拔连接至 3 针锁针的第 1 个锁针。

泡芙针：[将钩针插入指定针，针上绕线，将线从线圈中拉出，针上绕线]重复 3 次，将线从钩针上的 6 个线圈中一次性拉出。

开衫

上身

使用 4mm 钩针，钩 89（89、93、93、97、97、101）针锁针。

第 1 行（正面）：跳过 2 针，从第 3 针锁针开始每针锁针钩 1 针长针，翻面，计作 88（88、92、92、96、96、100）针。

从每一个正面边缘向中间数，在第 16（16、17、17、18、18、19）针长针上放置记号扣（前片），从这个记号扣再向前数，在第 13（13、13、13、15、15、15）针长针上放置记号扣（袖子）。

第 2 行：2 针锁针（在此处及整个教程中计作第 1 针长针），[钩长针至标记针，在标记针处钩长针 1 针分 2 针（将记号扣放置在第 2 针长针上），长针 1 针分 2 针，钩长针至下一个标记针的前 1 针，长针 1 针分 2 针，在标记针处钩长针 1 针分 2 针（将记号扣放在第 1 针长针上）]重复 2 次，钩长针钩完这一行，翻面，加了 8 针，计作 96（96、100、100、104、104、108）针。

第 3 行（扣眼行）：2 针锁针，[钩长针至标记针，在标记针处钩长针 1 针分 2 针（以第 2 行同样的方式将记号扣向前移），长针 1 针分 2 针，钩长针至下一个标记针的前 1 针，长针 1 针分 2 针，在标记针处钩长针 1 针分 2 针]重复 2 次，钩长针至最后 3 针，1 针锁针，1 针跳过不钩（制作扣眼），2 针长针，翻面，加了 8 针，计作 104（104、108、108、112、112、116）针。

第 4~11（4~12、4~13、4~14、4~15、4~17、4~18）行：重复第 2 行，大约每隔 8（8、9、9、7、7、8）行在上身边缘处制作一个扣眼，翻面，计作 168（176、188、196、208、224、236）针。

第 12~14（13~15、14~16、15~17、16~18、18~20、19~21）针：2 针锁针，[钩长针至标记针，在标记针处钩长针 1 针分 2 针，钩长针至下一个标记针，在标记针处钩长针 1 针分 2 针]重复 2 次，钩长针钩完这一行，翻面，加了 4 针，计作 180（188、200、208、220、236、248）针。

蕾丝部分

[注]继续钩编，在上身边缘每隔 8（8、9、9、7、7、8）行制作 1 个扣眼，确保最后 1 个扣眼在上身的最后 1 行。总共有 4（4、4、4、5、5、5）个扣眼。

摘掉所有的记号扣。

第 1 行：2 针锁针，20（22、25、27、30、34、37）针长针，3 针锁针，下一针跳过不钩，[23 针长针，3 针锁针，下一针跳过不钩]重复 2 次，40（44、50、54、60、68、74）针长针，3 针锁针，下一针跳过不钩，[23 针长针，3 针锁针，下一针跳过不钩]重复 2 次，钩长针钩完这一行，翻面，计作 174（182、194、202、214、230、242）针长针，6 个 3 针锁针孔眼。

第 2 行：2 针锁针，[钩长针至 3 针锁针孔眼的前 1 针，钩 3 针锁针，在 3 针锁针孔眼内钩 1 针泡芙针，3 针锁针，下一针跳过不钩]重复 6 次，钩长针钩完，翻面，计作 162（170、182、190、202、218、230）针长针，12 个 3 针锁针孔眼，6 针泡芙针。

"它们叫夜骐。她们性情温和，可是不讨人喜欢，因为它们……"

"与众不同。"

卢娜·洛夫古德，哈利·波特

电影《哈利·波特与凤凰社》

第3行：2针锁针，［钩长针至3针锁针孔眼的前1针，钩3针锁针，在3针锁针孔眼内钩1针短针，3针锁针，在下一个3针锁针孔眼内钩1针短针，3针锁针，下一针跳过不钩］重复6次，钩长针钩完这一行，翻面，计作150（158，170，178，190，206，218）针长针，18个3针锁针孔眼，12针短针。

第4行：2针锁针，［钩长针至3针锁针孔眼的前1针，3针锁针，在最后一个3针锁针孔眼前的每一个3针锁针孔眼内钩（1针泡芙针，1针狗牙针，2针锁针），在最后一个3针锁针孔眼内钩1针泡芙针，3针锁针，下一针跳过不钩］重复6次，钩长针钩完这一行，翻面，计作138（146，158，166，178，194，206）针长针，12个3针锁针孔眼，18针泡芙针，12针狗牙针，12个1针锁针孔眼，12个2针锁针孔眼。

第5行：2针锁针，［钩长针至3针锁针孔眼的前1针，3针锁针，在3针锁针孔眼内钩1针短针，3针锁针，在每一个2针锁针孔眼内钩（1针短针，3针锁针）直到最后一个3针锁针孔

眼，在最后一个3针锁针孔眼内钩1针短针，3针锁针，下一针跳过不钩］重复6次，钩长针直到钩完这一行，翻面，计作126（134，146，154，166，182，194）针长针，30个3针锁针孔眼，24针短针。

第6~12行：交替重复第4、5行，以第4行结束，在第12行钩完后，计作42（50，62，70，82，98，110）针长针，12个3针锁针孔眼，66针泡芙针，60针狗牙针，60个1针锁针孔眼，60个2针锁针孔眼。

打结收尾。

下摆

使用3.75mm钩针，钩8针锁针。

第1行：跳过1针，在第2~8针锁针内各钩1针短针（计作7针）。

第2行：钩1针锁针，在每针短针的后半针内各钩1针短针。

重复第2行，直到下摆长约86.5（96.5，106.5，117，127，137，147.5）cm。

打结收尾。藏好线尾。

收尾

将上身平铺，门襟在中央对齐并重叠。将下摆纵向对折，下摆中央与后背中央对齐，用珠针固定。折起下摆，使它的短边缘与门襟对齐，使用珠针固定。下摆现在与开衫折叠成一样的形状。在折叠后下摆的每一边，量出4（4，4，5，5，5）cm（腋下部位），用珠针将下摆固定在正面和背面上。将珠针与上身对齐，用珠针将下摆和上身固定在一起，在折叠后下摆开口的两端各留出4（4，4，5，5，5）cm。用珠针将下摆固定在记号扣中间，以便缝合。用卷针缝将它们缝合在一起。

领口边缘

从右下下摆的边缘开始，使用引拔针带入新线，钩2针锁针，在下摆的每个短针内各钩1针长针，在门襟长针行的末端钩2针长针，在领口的第1针钩3针中长针，［在每针底部各钩1针中长针，直到插肩转角的前1针，2针长针并1针］重复4次，在领口的最后一针上钩3针中长针，在门襟的每个长针行末端钩2针长针，在下摆的每针短针内各钩1针长针。

打结收尾。

纽扣

［制作4（4，4，4，5，5，5）个］

第1圈：使用3.75mm钩针，留出15cm线尾，钩3针锁针，引拔连接成一个圆圈，钩1针锁针，在圆圈内钩6针短针（计作6针）。

第2圈：［短针1针分2针］重复6次（计作12针）。

第3圈：［短针2针并1针］重复6次（计作6针）。

打结收尾，留出一段长线尾。

线尾用直线绣缝合起针的圆圈，然后将线尾填充到纽扣里。将线尾末端穿过最后一针2次，然后拉紧。绣几针直线绣将纽扣固定在开衫上。使用线尾将纽扣与扣眼对齐并缝在开衫上。

藏好线尾。

上图：在电影《哈利·波特与凤凰社》中卢娜·洛夫古德在禁林中拜访霍格沃茨的夜骐群

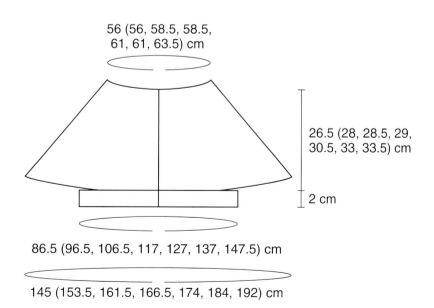

56 (56, 58.5, 58.5, 61, 61, 63.5) cm

26.5 (28, 28.5, 29, 30.5, 33, 33.5) cm

2 cm

86.5 (96.5, 106.5, 117, 127, 137, 147.5) cm

145 (153.5, 161.5, 166.5, 174, 184, 192) cm

赫敏的 有求必应屋毛衣

HERMIONE'S ROOM OF REQUIREMENT SWEATER

设计：萨拉·杜德克（Sara Dudek）

难度系数 ⚡⚡⚡

在电影《哈利·波特与凤凰社》中，哈利和他的巫师朋友们需要在一个乌姆里奇教授找不到他们的地方练习黑魔法防御术。在筛选掉一些不太理想的场所后，学生们最终找到了有求必应屋（译注：也被称为"来去屋"）。邓布利多军（译注：是由哈利带领一批学生为学习黑魔法防御术而开设的防御协会）的成员们可以在上课时间潜入房间一起练习咒语，也可以在不穿着制服的放学后使用。这也是粉丝们看到赫敏时尚造型的又一个绝佳机会。

服装设计师茱迪安娜·马科夫斯基对赫敏造型的想法是保持其"经典英伦风"。"我给她穿上百褶裙、及膝袜和可爱的费尔岛花样毛衣。"我们可以在电影《哈利·波特与凤凰社》中看到赫敏在有求必应屋穿着其中一件毛衣。

赫敏的有求必应屋毛衣是一件令人惊艳的经典育克套头衫，采用华丽的棕色和温柔的奶油色制作而成。从上向下进行钩编，从罗纹领口开始，以简单的圆育克加针为特色，袖子分出后以罗纹袖口结束。

尺码

XS（S, M, L）（XL, 2XL, 3XL, 4XL, 5XL）

成品展示为 S 码。

教程标注为最小尺寸，较大的尺寸在括号中备注；当只有一个数字时，它适用于所有尺码。

完成尺寸

胸部： 75（86.5, 96.5, 105.5）（117, 127, 137, 147.5, 162.5）cm

留出 5~10 厘米的放松量（参见示意图）。

毛线

WECROCHET Bare Palette，#1 超细（100% 秘鲁高原羊毛，399m/100g/ 团）

主色线： #23851 裸色，3（3, 4, 4）（5, 5, 6, 6, 6）团

WECROCHET Palette，#1 超细（100% 秘鲁高原羊毛，211m/50g/ 团）

配色线1： #25532 灰熊混色，1（2, 2, 2）（2, 3, 3, 3, 4）团

配色线2： #24560 杏仁色，1（1, 1, 2）（2, 2, 2, 2, 2）团

钩针

- 2.75mm 钩针
- 3.25mm 钩针或达到编织密度所需型号

（下转第88页）

（上接第87页）

辅助材料和工具

• 缝针
• 记号扣

编织密度

• 使用3.25mm钩针钩延长短针
10cm×10cm=22行×18圈

[注]

• 毛衣自上而下环形钩编，在环形育克处逐渐加针，然后分成衣身和袖子。首先自上而下钩编衣身部分，然后自上而下分别钩编每个袖子。
• 环形育克根据编织图采用延长短针钩编而成。根据编织图更换颜色，当在编织图（第90页）中看到一个增加的小方格时，进行加针。
• 加1针是指在下一针内钩2针延长短针。
• 每圈起始的锁针应该与编织图中第1个延长短针的颜色相同。
• 环形育克在钩编时可能会起皱；在湿定型后会变平整。

特殊针法

在更换颜色时钩1针延长短针，钩编至换颜色的前一针。在换颜色的前一针内，用原来的颜色线，将钩针插入下一针内，针上绕线，然后拉出一个线圈（钩针上有2个线圈），针上绕线，然后从1个线圈中拉出（针上仍有2个线圈），换成新的颜色线，然后针上绕线，从2个线圈中拉出。

特殊针法

延长短针：将钩针插入下一针，针上绕线，拉出1个线圈（钩针上有2个线圈），针上绕线，从1个线圈中拉出（钩针上有2个线圈），针上绕线，从2个线圈中拉出。

延长短针2针并1针：将钩针插入后面的2针，只挑前半圈，针上绕线，从2个前半圈中拉出，针上绕线，从钩针上的1个线圈中拉出，针上绕线，从钩针上剩下的2个线圈中拉出。

毛衣

领口罗纹

使用2.75mm钩针和主色线，钩9针锁针。

第1行：跳过1针，在第2~9针锁针内各钩1针短针，翻面（计作8针）。

第2行：1针锁针，只挑后半针钩8针短针，翻面。

第3~110（120，130，140）（155，170，185，195，210）行：重复第2行。

在反面钩引拔针将领口围成一个圈。

环形育克

换成3.25mm的钩针，接上编织图里第1圈的颜色。

第1圈：1针锁针，移动到缝合位置的左边，缝份正面对着自己，按照编织图的第1圈，在领口每一个短针行的末端钩1针延长短针。

第2~37（37，41，41）（46，46，50，50，54）行：1针锁针，钩1圈延长短针，按照编织图的颜色和加针钩编；引拔连接，钩完最后1圈后计作264（288，312，336）（372，408，444，468，504）针。

衣身和袖子分叉

使用3.25mm钩针和主色线，钩1针锁针，38（44，49，53）（58，63，68，72，81）针延长短针，6（6，8，8）（10，12，14，16，16）针锁针，跳过57（57，59，62）（70，79，87，91，91）针制作第1个袖子的袖隆，钩75（87，97，106）（116，125，135，143，161）针延长短针，这部分是前身身片，钩6（6，8，8）（10，12，14，16，16）针锁针，跳过57（57，59，62）（70，79，87，91，91）针制作第2个袖子的袖隆，钩37（43，48，53）（58，62，67，71，80）针延长短针；引拔连接。

不要打结收尾。

衣身

使用3.25mm钩针和主色线：

第1圈：1针锁针，38（44，49，53）（58，63，68，72，81）针延长短针，在下6（6，8，8）（10，12，14，16，16）针锁针内钩延长短针，钩75（87，97，106）（116，125，135，143，161）针延长短针，在下6（6，8，8）（10，12，14，16，16）针锁针内钩延长短针，钩37（43，48，53）（58，62，67，71，80）针延长短针；引拔连接，计作162（186，210，228）（252，274，298，318，354）针。

第2圈：1针锁针，钩1圈延长短针；引拔连接。

重复第2圈，直到衣身部分从环形育克边缘开始计算长26.5（28，29，29）（30.5，30.5，32，32，32）cm。

下5圈：加入配色线1。按照边缘提花钩5圈延长短针。注意对于不同的尺码，图案重复的次数不同。

不要打结收尾；继续钩编底边罗纹。

底边罗纹

使用2.75mm钩针和主色线，钩13针锁针。

第1行：翻面，朝向衣身部位在锁针内钩编，跳过1针，在第2~13针锁针内各钩1针短针（计作12针）。

第2行：引拔连接至衣身的延长短针，引拔连接至衣身的下一针延长短针，衣身翻面，开始钩底边罗纹第1行的短针，只挑后半针钩12针短针，翻面（计作 12 针）。

第3行：1 针锁针，只挑后半针钩 12 针短针，翻面（计作 12 针）。

沿着衣身下摆重复第 2、3 行。直到沿着整个衣身部位钩完罗纹，钩引拔针连接罗纹，确保缝份在反面。

袖子（制作 2 个）

用主色线和 3.25mm 钩针，在腋下中央的锁针上接线，环形钩编，正面朝外，与育克和衣身一样。

第1圈：1 针锁针，在之后 3(3, 4, 4)(5, 6, 7, 8, 8) 针锁针内钩延长短针，在衣身和袖子分开的边缘钩 1 针延长短针，钩 57(57, 59, 62)(70, 79, 87, 91, 91) 针延长短针，在衣身和袖子分开的边缘钩 1 针延长短针，在之后 3(3, 4, 4)(5, 6, 7, 8, 8) 针锁针内钩延长短针；引拔连接，计作 65(65, 69, 72)(82, 93, 103, 109, 109) 针。

第2圈：1 针锁针，钩 1 圈延长短针；引拔连接。

第3~9圈：重复第 2 圈。

第10圈（减针圈）：1 针锁针，延长短针 2 针并 1 针，钩延长短针至最后 2 针，钩延长短针 2 针并 1 针，计作 63(63, 67, 70)(80, 91, 101, 107, 107) 针。

第11~19圈：重复第 2 圈。

第20圈（减针圈）：重复第 10 圈，计作 61(61, 65, 68)(78, 89, 99, 105, 105) 针。

第21~60(70, 70, 70)(70, 70, 70, 70, 70)圈：重复第 11~20 圈 4(5, 5, 5)(5, 5, 5, 5, 5) 次，计作 53(51, 55, 58)(68, 79, 89, 95, 95) 针。

只适用 XS、XL、2XL、3XL、4XL 和 5XL 尺码

重复第 11~15 圈 1 次。

所有尺码

下 5 圈：接入配色线 1。按照边缘提花钩 5 圈延长短针。注意对于不同的尺码，图案重复的次数不同。

不要打结收尾；继续钩袖口罗纹。

上图：在电影《哈利·波特与凤凰社》中，赫敏身穿经典的奶油棕色英式套头衫

袖口罗纹

用 2.75mm 钩针和主色线，钩 13 针锁针。

第1行：翻面，朝向袖子在锁针内钩编，跳过 1 针，在第 2~13 针锁针内各钩 1 针短针（计作 12 针）。

第2行：引拔连接至袖子的延长短针，引拔连接至袖口的下一针延长短针，翻面，开始钩袖口罗纹第 1 行的短针，只挑后半针钩 12 针短针，翻面（计作 12 针）。

第3行：1 针锁针，只挑后半针钩 12 针短针，翻面（计作 12 针）。

沿着袖口重复第 2、3 行。直到沿着整个袖口钩完罗纹，钩引拔连接罗纹，确保缝份在反面。

收尾

藏好线尾。将毛衣在冷水中浸泡 20 分钟，然后按尺寸定型。

编织图

□ 使用主色线钩1针延长短针
■ 使用配色线1钩1针延长短针
▨ 使用配色线2钩1针延长短针

边缘提花

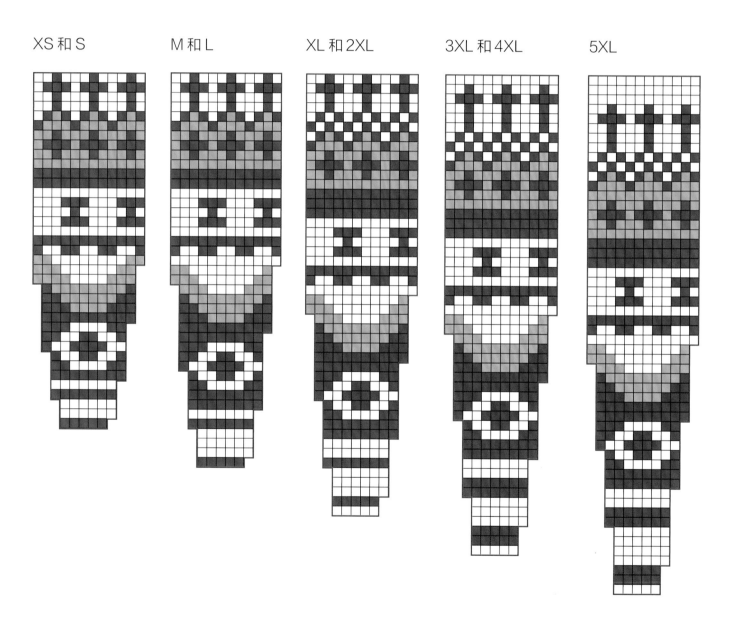

XS 和 S   M 和 L   XL 和 2XL   3XL 和 4XL   5XL

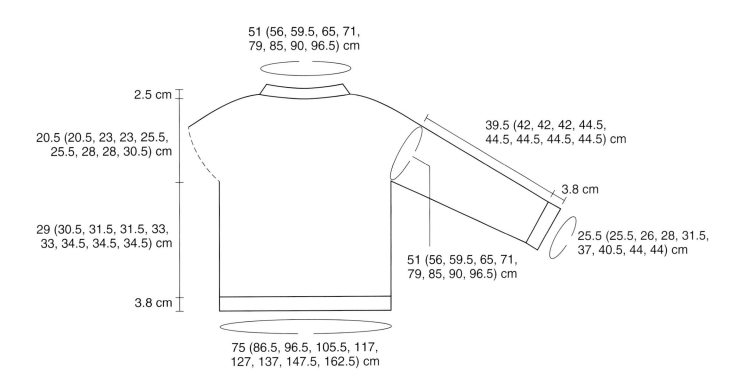

51 (56, 59.5, 65, 71,
79, 85, 90, 96.5) cm

2.5 cm

20.5 (20.5, 23, 23, 25.5,
25.5, 28, 28, 30.5) cm

39.5 (42, 42, 42, 44.5,
44.5, 44.5, 44.5, 44.5) cm

3.8 cm

29 (30.5, 31.5, 31.5, 33,
33, 34.5, 34.5, 34.5) cm

25.5 (25.5, 26, 28, 31.5,
37, 40.5, 44, 44) cm

51 (56, 59.5, 65, 71,
79, 85, 90, 96.5) cm

3.8 cm

75 (86.5, 96.5, 105.5, 117,
127, 137, 147.5, 162.5) cm

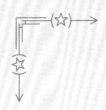
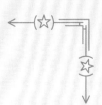

奇异时尚

以电影中的人物、主题和
图案为灵感的服装

"我不属于这里，
我属于你们的世界，霍格沃茨。"

哈利·波特　电影《哈利·波特与密室》

基础针法
视频讲解
[不含特殊针法]

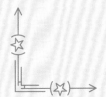
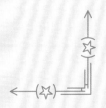

学生巫师连帽斗篷

STUDENT WIZARD HOODED PONCHO

设计：李·萨托里（Lee Sartori）

难度系数 ⚡⚡

当第一次在电影《哈利·波特与魔法石》中见到少年哈利时，他穿着他表哥达力穿过的超大号旧衣服。而当海格带哈利去对角巷买学习用品时，他给自己买了一件全新的巫师长袍和一套合身的霍格沃茨制服。巫师长袍是巫师和女巫最常穿着的宽松外套，有多种款式、图案、设计和颜色，并且分为标准款和礼服款等。在霍格沃茨魔法学校，学生们需要准备三套素面黑色工作袍（作为制服的一部分）并将其带到学校，而柔软丝滑、正式庄重的巫师长袍也是学生们非常引以为傲的一点。当哈利穿着他新买的巫师长袍来到霍格沃茨，他终于融入了集体。

这款连帽斗篷的灵感来自霍格沃茨的学生们穿着的黑色长袍，从上到下采用插肩式设计。随着肩部的展开进行加针，斗篷的下摆在编织中会形成一个宽大的圆弧。然后分出袖子，以便可以在传统长袍样式中添加袖隆。

尺码

S（M, L, XL, 2XL/3XL）

成品展示为 S 码。

教程标注为最小尺寸，较大的尺寸在括号中备注；当只有一个数字时，它适用于所有尺码。

完成尺寸

适合胸围： 86.5（96.5, 106.5, 117, 132）cm

[注]

披风应较为宽松。

根据胸围尺寸选择尺码。

长度： 56（56, 58.5, 59.5, 65）cm

毛线

WECROCHET Brava Worsted，#4 粗（100% 特级腈纶，199m/100g/ 团）

#28413 黑色，7(7, 9, 11, 12) 团

钩针

- 4mm 钩针
- 6.5mm 钩针或达到编织密度所需型号

辅助材料和工具

- 缝针
- 记号扣

编织密度

- 使用 6.5mm 钩针钩中长针 10cm × 10cm=10 针 × 10 行

[注]

- 每圈开始的 2 针锁针计作 1 针中长针。
- 1 针锁针不计入针数。

兜帽

用 4mm 钩针，钩 60（60，60，72，72）针锁针。

第 1 行：跳过 1 针，在第 2~60 针锁针每针锁针内钩 1 针短针，翻面，计作 59（59，59，71，71）针。

第 2、3 行：1 针锁针，59（59，59，71，71）针短针，翻面。

第 4~13 行：1 针锁针，［短针 1 针分 2 针］重复 4 次，钩短针钩完这一行，第 13 行结束后计作 99（99，99，111，111）针。

第 14~23 行：1 针锁针，［短针 1 针分 2 针］重复 3 次，钩短针钩完这一行，第 23 行结束后计作 129（129，129，141，141）针。

在第 16 行的两端放记号扣。

第 24~31 行：1 针锁针，短针 1 针分 2 针，钩短针至最后 1 针，钩短针 1 针分 2 针，翻面，第 31 行结束后计作 145（145，145，157，157）针。

第 32 行：1 针锁针，145（145，145，157，157）针短针，翻面。

第 33 行：1 针锁针，短针 1 针分 2 针，钩短针至最后 1 针，钩短针 1 针分 2 针，翻面，计作 147（147，147，159，159）针。

第 34~37 行：重复第 32、33 行，计作 151（151，151，163，163）针。

第 38~40 行：重复第 32 行。

第 41 行：重复第 33 行，计作 153（153，153，165，165）针。

第 42~49 行：重复第 38~41 行，计作 157（157，157，169，169）针。

第 50 行：1 针锁针，2 针短针，短针 2 针并 1 针，钩短针至最后 4 针，钩短针 2 针并 1 针，2 针短针，翻面，计作 155（155，155，167，167）针。

第 51~53 行：1 针锁针，155（155，155，167，167）针短针，翻面。

第 54~61 行：重复第 50~53 行，计作 151（151，151，163，163）针。

第 62 行：1 针锁针，151（151，151，163，163）针短针。

打结收尾。

缝合兜帽。将织片对折，在第 16 行对齐缝合。从第 16 行开始，同时穿过 2 片钩短针，钩至第 1 行。第 17~62 行不缝合，作为颈部开口。

育克

用 6.5mm 钩针，钩 56（60，64，68，72）针锁针；引拔连接至第 1 针锁针。

第 1 圈：钩 2 针锁针，在每一针锁针内各钩 1 针中长针，连接，翻面，计作 56（60，64，68，72）针。

第 2 圈：钩 2 针锁针，56（60，64，68，72）针中长针，连接，翻面。

第 3、4 圈：重复第 2 圈。

第 5 圈：钩 2 针锁针，中长针 1 针分 2 针，6（5，9，1，6）针中长针，重复［中长针 1 针分 2 针］，6（5，5，5，4）针中长针］直到钩完这一圈，连接，翻面，计作 64（70，74，80，86）针。

在以下指定位置放记号扣，共计 8 个：第 1 个记号扣放在第 10（10，10，11，12）针的后面，第 2 个记号扣放在下 2 针的后面，第 3 个记号扣放在下 8（10，12，14，14）针的后面，第 4 个记号扣放在下 2 针的后面，第 5 个记号扣放在下 20（21，22，23，26）针的后面，第 6 个记号扣放在下 2 针的后面，第 7 个记号扣放在下 8（10，12，14，14）针的后面，第 8 个记号扣放在下 2 针的后面，余下 10（11，10，10，12）针。

第 6 圈：2 针锁针，［环形钩中长针至记号扣的前 1 针，中长针 1 针分 2 针，将记号扣移至这 2 针中长针的后面］重复 8 次，钩中长针钩完这一圈，连接，翻面，计作 72（78，82，88，94）针。

第 7~17（17，19，19，21）圈：重复第 6 圈，计作 160（166，186，192，214）针。

育克延伸部分

第 1 圈：2 针锁针，［钩中长针至记号扣的前 1 针，钩中长针 1 针分 2 针，将记号扣移至这 2 针中长针的后面］重复 8 次，钩中长针钩完这一圈，连接，翻面，计作 168（174，194，200，222）针。

第 2 圈：2 针锁针，钩 1 圈中长针，连接，翻面。

第 3 圈：2 针锁针，［钩中长针至记号扣的后 1 针，钩中长针 1 针分 2 针，将记号扣移至这 2 针中长针的前面］重复 8 次，钩中长针钩完这一圈，连接，翻面，计作 176（182，202，208，230）针。

第 4 圈：2 针锁针，钩 1 圈中长针，连接，翻面。

（下转第 98 页）

"你们俩最好换上长袍。
我想我们就快到了。"

赫敏·格兰杰　电影《哈利·波特与魔法石》

魔法背后

在拍摄第一部电影之前，关于霍格沃茨学生应当穿着校服还是穿着现代服装发生了一些争议。为了做出决定，由哈利·波特的扮演者丹尼尔·雷德克里夫对二者进行了测试，最后大家一致认为校服看起来更好。这也让服装设计师茱迪安娜·马科夫斯基松了一口气，否则她将不得不为霍格沃斯的 400 名学生设计衣服！

上图：在电影《哈利·波特与凤凰社》中，哈利·波特、赫敏·格兰杰和他们身穿霍格沃茨长袍的同学们

（上接第96页）

第5~20圈：重复第1~4圈，第19圈结束后计作240（246，266，272，294）针。摘掉第1、4、5、8个记号扣。袖子（重新计算的第1、2个记号扣和第3、4个记号扣之间）将有30（32，36，38，40）针。将每个记号扣在每侧向外朝身体移动3（2，2，1，0）针，这样袖子现在有36（36，40，40，40）针。

第21圈：2针锁针，［在每一针内各钩1针中长针至下一个记号扣，跳过36（36，40，40，40）针］重复2次，在每一针中长针内各钩1针中长针至这圈结束，连接，翻面，计作168（174，186，192，214）针。

将记号扣留在原处以标记袖子的位置。

第22~24圈：2针锁针，钩1圈中长针，连接，翻面。

打结收尾。

前片

在每一侧放置记号扣，记号扣间隔84（87，93，96，107）针，标记出前片和后片。

第1行：跳过侧边记号扣后边的前2针，在第3针上接线，钩3针锁针（不计作1针），在下一针中长针内钩1针中长针，［中长针2针并1针］重复2次，钩中长针至下一个记号扣之前8针，［中长针2针并1针］重复3次，留出剩余2针不钩，翻面，计作74（77，83，86，97）针。

第2行：3针锁针（不计作针数），在第1针中长针内钩1针中长针，［中长针2针并1针］重复2次，钩中长针

至最后6针，［中长针2针并1针］重复3次，翻面，计作69（72，78，81，92）针。

第3~9（9，9，11，11）行：重复第2行，计作2~34（37，43，36，47）针。

打结收尾。

后片

按照与前片相同的方法钩编。

边缘

在周围任意一针上接线。

第1~5圈：2针锁针，［在底部的每针上钩1针中长针，在两侧每行的末端钩1针中长针］重复1圈，连接，翻面。

打结收尾。

袖子

第1圈：在标记袖子的第1针内接线，钩1针锁针，钩1圈中长针，连接，翻面，计作36（36，40，40，40）针。

第2圈：2针锁针，钩1圈中长针，连接，翻面。

重复第2圈至袖子长约10cm。

打结收尾。

收尾

缝合腋下开口剩余的几针。使用喜欢的缝合方法将帽子缝合到斗篷的领口处。藏好线尾。

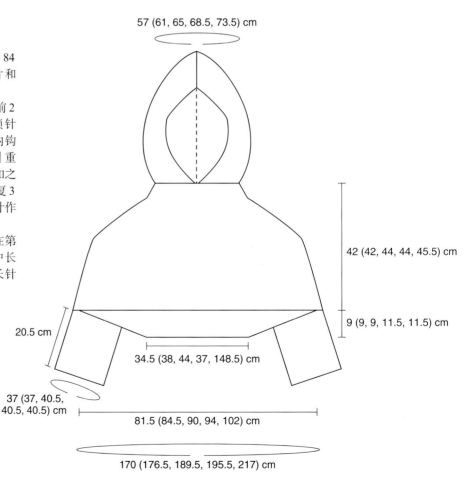

57 (61, 65, 68.5, 73.5) cm

42 (42, 44, 44, 45.5) cm

9 (9, 9, 11.5, 11.5) cm

20.5 cm

34.5 (38, 44, 37, 148.5) cm

37 (37, 40.5, 40.5, 40.5) cm

81.5 (84.5, 90, 94, 102) cm

170 (176.5, 189.5, 195.5, 217) cm

比比多味袜子
BERTIE BOTT'S EVERY-FLAVOUR SOCKS

设计：朱莉·德贾斯丁（Julie Desjardins）

难度系数 ⚡⚡⚡

比比多味豆，每一口都有风险！比比多味豆是魔法世界中非常受欢迎的休闲小零食，类似于现实世界的彩豆软糖，但比比多味豆的不同之处在于，它们有各种奇特的味道，甚至是无比糟糕的味道。

比比多味豆以其色彩缤纷的包装为特色，它的外包装是一个有尖顶的长方形盒子，红白相间的条纹图案让它看上去像是马戏团的帐篷。这个令人印象深刻的包装出自米拉波拉·米娜（Miraphora Mina）和爱德华多·利马（Eduardo Lima）的平面设计团队，他们为魔法世界的美食设计、创造了数百个标签和包装。

这些以比比多味豆为灵感的袜子采用比比多味豆包装上的红白条纹。一行行钩出袜子的主体，然后添加黄色的袜跟、袜头和袜口。它们用完美而微妙的方式展示出哈利·波特的天赋。

尺码

适合鞋码： 婴儿 / 学步儿童 / 儿童 / 青少年 0–4（5–9,10–13,1–3,4–6）（成年女士 4–6½, 7–9½, 10–12½）（成年男士 6–8½, 9–11½, 12–14）

成品展示为成年女士 10–12½

教程标注为最小尺寸，较大的尺寸在括号中备注；当只有一个数字时，它适用于所有尺码。

完成尺寸

脚围： 11（11, 14, 14, 14）（14, 16.5, 16.5）（16.5, 19.5, 19.5）cm

袜筒高： 8（10, 13, 17, 19）（20, 20, 23）（23, 23, 24）cm

毛线

FIBRELYA Kassou，#1 超细（80% 超耐水洗美丽奴羊毛，20% 尼龙，385m/115g/ 团）

线 A： 胭脂色，1 团
线 B： 自然色，1 团
线 C： 黄色，1 团

钩针

• 3.5mm 钩针或达到编织密度所需型号

辅助材料和工具

• 2 个不同颜色的记号扣
• 缝针

编织密度

• 使用 3.5mm 钩针钩短针 10cm × 10cm=13 针 × 14 行

（下转第 102 页）

（上接第 101 页）

特殊针法

内钩长针：针上绕线，绕着指定针的针柱从后向前再向后插入钩针，针上绕线并拉出 1 个线圈，［针上绕线并拉出 2 个线圈］重复 2 次。

外钩长针：针上绕线，绕着指定针的针柱从前向后再向前插入钩针，针上绕线并拉出 1 个线圈，［针上绕线并拉出 2 个线圈］重复 2 次。

［注］
- 在锁针内钩编时，钩里山。这将使脚和腿的接缝不那么明显。
- 每行和每圈开始处的 1 针锁针或 2 针锁针不计作针数。
- 在更换颜色线时，用新线在该行最后 1 针的针上绕线。在文字说明中出现"打结收尾"之前，不要剪断旧线。松松地带线。
- 袜子分三部分，按行钩编，每一部分接着前一个部分钩编。见图 1。
最终的织片在箭头处折叠和缝合，形成脚部和袜筒。
在相应的开口处以环状钩编添加袜头、袜跟和袜口。

袜子（制作2个）

脚部织片和袜筒前片

用线 A 钩 21(27, 27, 30, 33) (33, 36, 36)(36, 36, 42) 针锁针。

第 1 行：在每针锁针的里山中钩编，跳过 1 针，在第 2 针锁针和之后每一针锁针中各钩 1 针短针，换成线 B，翻面，计作 20 (26, 26, 29, 32) (32, 35, 35)(35, 35, 41) 针。

第 2 行：钩 1 针锁针，只挑后半针钩引拔针，钩完这一行，翻面。

第 3 行：钩 1 针锁针，只挑后半针钩中长针，钩完这一行，换成线 A，翻面。

第 4 行：钩 1 针锁针，只挑后半针钩引拔针，钩完这一行，翻面。

第 5 行：钩 1 针锁针，只挑后半针钩短针，钩完这一行，换成线 B，翻面。

第 6~15 (6~15, 6~19, 6~19, 6~19) (6~19, 6~23, 6~23) (6~23, 6~27, 6~27) 行：重复第 2~5 行，以第 3 行结束。在最后 1 行结尾处，用线 A 钩 19(26, 33, 41, 45) (45, 45, 51) (51, 51, 56) 针锁针，翻面。

钩编脚背和袜筒前片：

第 16 (16, 20, 20, 20) (20, 24, 24) (24, 28, 28) 行：钩编里山，跳过 1 针，在第 2 针锁针和之后每一针锁针内各钩 1 针短针，在每一针短针内各钩 1 针短针，换成线 B，翻面，计作 38 (51, 58, 69, 76) (76, 79, 85) (85, 85, 96) 针。

第 17~30 (17~30, 21~38, 21~38, 21~38) (21~38, 25~46, 25~46) (25~46, 29~54, 29~54) 行：重复第 2~5 行，以第 3 行结束。
打结收尾。

袜筒后片

正面朝向自己，从袜头边缘开始数，在第 21 (27, 27, 30, 33) (33, 36, 36)(36, 36, 42) 针只挑后半针钩引拔针，接入线 A。

第 31 (31, 39, 39, 39) (39, 47, 47) (47, 55, 55) 行：只挑后半针钩 17 (24, 31, 39, 43) (43, 43, 49) (49, 49, 54) 针引拔针，翻面，计作 18 (25, 32, 40, 44) (44, 44, 50) (50, 50, 55) 针。

第 32 (32, 40, 40, 40) (40, 48, 48) (48, 56, 56) 行：钩 1 针锁针，钩 18 (25, 32, 40, 44) (44, 44, 50) (50, 50, 55) 针短针，换成线 B，翻面。

第 33~46 (33~46, 41~58, 41~58, 41~58) (41~58, 49~70, 49~70) (49~70, 57~82, 57~82) 行：重复第 2~5 行，以第 3 行结束。
打结收尾。

组装

从脚底起始锁针钩编到脚背最后一行，步骤如下：
用线 A，反面相对，将脚部织片对折。（同时穿过 2 个织片进行钩编，将钩针从外向内插入第 1 针锁针里面的线圈，拉出 1 个线圈，将钩针从外向内插入最后一行对应针的里面的线圈，拉出 1 个线圈，针上绕线，引拔完成这针）重复直到钩完整个脚，计作 20 (26, 26, 29, 32) (32, 35, 35) (35, 35, 41) 针。
打结收尾。

从袜筒前片起始锁针钩编到袜筒后片最后一行，步骤如下：
用线 A，反面朝外，将袜筒对折。（同时穿过 2 个织片进行钩编，将钩针从外向内插入第 1 针锁针里面的线圈，拉出 1 个线圈，将钩针从外向内插入最后一行对应针的里面的线圈，

（下转第 105 页）

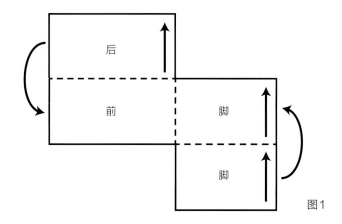

图1

"我年轻那会吃过一颗呕吐口味的，真是倒霉透了。
从那时候起我就对它没了好感。
这回来颗……太妃口味的，应该没问题。
我的天哪！像耳屎。"

邓布利多教授　电影《哈利·波特与魔法石》

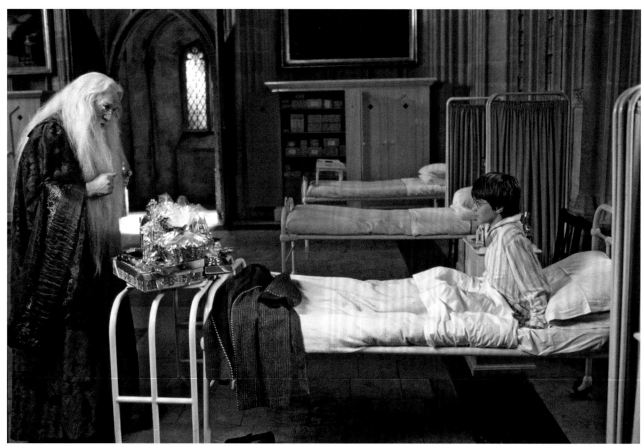

上图：在电影《哈利·波特与魔法石》中邓布利多教授在医院翼楼探望哈利

（上接第102页）

拉出1个线圈，针上绕线，引拔完成
这针）重复直到钩完整个袜筒部，计
作18 (25, 32, 40, 44) (44, 44, 50) (50,
50, 55) 针。

打结收尾。

袜头

正面朝向自己，用引拔针在袜头开口
处接入线A。

第1圈： 1针锁针，在每行末端钩编，
在每行末端各钩1针短针；引拔连接
至第1针短针，计作30 (30, 38, 38,
38) (38, 46, 46) (46, 54, 54) 针。

打结收尾。

正面朝向自己，钩引拔针将线C接至
第1针。

第2圈： 钩1针锁针，只挑后半针钩短
针，钩完这一圈；不做引拔。

**第3 (3, 4, 3, 4, 3~5, 3~5) (3~5, 3~6,
3~6) (3~6, 3~6, 3~6) 圈：** 钩1圈短
针，不做引拔。在第1针和第16 (16,
20, 20, 20) (20, 24, 24) (24, 28, 28) 针
放记号扣。

第4 (5, 5, 6, 6) (6, 7, 7) (7, 7, 7) 圈： 钩
短针2针并1针，钩短针至记号扣
前2针，[短针2针并1针] 重复2
次，钩短针至最后2针，短针2针并
1针，不做引拔，计作26 (26, 34, 34,
34) (34, 38, 38) (38, 50, 50) 针。

**第5~7 (6~8, 6~9, 7~10, 7~10) (7~10,
8~12, 8~12) (8~12, 8~14, 8~14) 圈：**
重复第4 (5, 5, 6, 6) (6, 7, 7) (7, 7, 7)
圈，最后1圈余下14 (14, 18, 18, 18)
(18, 20, 20) (20, 22, 22) 针。

打结收尾，留出一段长线尾用于缝合。

袜跟

正面朝向自己，在袜跟开口处钩引拔
针接入线A。

第1圈： 钩1针锁针，钩编每行末端，
在引拔针和短针行末端各钩1针短
针，在中长针行末端钩2针短针；
引拔连接至第1针短针，计作38
(38, 48, 48, 48) (48, 58, 58) (58, 68,
68) 针。

打结收尾。

正面朝向自己，钩引拔针将线C接至
第1针。

第2圈： 钩1针锁针，全部只挑后半针，
重复钩（3针短针，短针2针并1针）
直到还剩8针，[2针短针，短针2
针并1针] 重复2次，不做引拔，计
作30 (30, 38, 38, 38) (38, 46, 46) (46,
54, 54) 针。

第3圈： 钩1圈短针；不做引拔。
在第1针和第16 (16, 20, 20, 20) (20,
24, 24) (24, 28, 28) 针放记号扣。

第4圈： 短针2针并1针，钩短针至下
一个记号扣，钩短针2针并1针，钩
短针至这一圈结束，不做引拔，计
作28 (28, 36, 36, 36) (36, 44, 44) (44,
52, 52) 针。

第5圈： 钩1圈短针；不做引拔。

**第6~9 (6~11, 6~11, 6~11, 6~13) (6~13,
6~15, 6~15) (6~15, 6~19, 6~19) 圈：**
重复第4、5圈，最后一圈结束后剩
余24 (22, 30, 30, 28) (28, 34, 34) (34,
38, 38) 针。

打结收尾，留出一段长线尾用于缝合。

袜口

正面朝向自己，用引拔针将线A接入
袜子的顶部。

第1圈： 1针锁针，在每行末端钩编，
在引拔针和短针行末端内各钩1针
中长针，在中长针行末端内各钩2针
中长针；引拔连接至第1针短针，计
作38 (38, 48, 48, 48) (48, 58, 58) (58,
68, 68) 针。

打结收尾。

正面朝向自己，用引拔针将线C接到
第1针上。

第2圈： 2针锁针，[3针外钩长针，1
针内钩长针] 重复钩完1圈；引拔连
接至第1针外钩长针。

第3圈： 2针锁针，在2针锁针和第1
针外钩长针内钩外钩长针，钩2针
外钩长针，1针内钩长针，[3针外钩
长针，1针内钩长针] 重复钩完1圈；
引拔连接至第1针外钩长针。

适用于婴儿、学步儿童、儿童和青少
年尺码。

打结收尾。

只适用成年女士和成年男士的尺码

第4~6圈： 重复第3圈。

打结收尾。

收尾

用缝针和长线尾，正面相对，将2片袜
头末端对齐放在一起。将缝针从外
向内插入脚背的第1针，然后从外向
内插入脚底相对的针；拉紧。重复这
个步骤至全部缝合。打结收尾。

用缝针和长线尾，正面相对，将2片袜
跟末端对齐放在一起。将缝针从外
向内插入袜筒的第1针，然后从外向
内插入脚部织片相对应的针；拉紧。
重复这个步骤至全部缝合。

打结收尾。

藏好线尾。根据需要稍微定型。

邓布利多的帽子
THE DUMBLEDORE HAT

设计：科琳·特纳（Corrine Turner）

难度系数 ⚡⚡

阿不思·邓布利多是霍格沃茨魔法学校的资深教授和校长，他被公认为是当代最伟大的巫师，在霍格沃茨期间与哈利建立了密切的关系，为哈利提供指导、支持和导师意见。虽然他并不是绝对正确的，但最终还是为哈利击败伏地魔提供了关键性的帮助，遗憾的是，他没有活着看到他的学生取得胜利。

在电影中，邓布利多教授无疑是最精心打扮的角色之一。这个角色最初由理查德·哈里斯（Richard Harris）扮演，他穿着传统的巫师长袍，戴着一顶漂亮的栗色帽子。在哈里斯去世的噩耗传出后，迈克尔·甘本（Michael Gambon）接替了这个角色，服装造型也发生了一些变化。甘本扮演的邓布利多教授身着精致的银灰色长袍，传统的巫师帽被烟筒帽取代。

这款适合日常的邓布利多帽子使它成为冬季必备配饰。它以优雅的配色编织和增添庄严感的复杂的米珠为主体，从帽檐向上编织，完成帽子主体的造型后，以巧妙的流苏在顶部收尾。

尺码
均码

完成尺寸
帽檐周长： 53.5cm
长度： 23cm

毛线
WECROCHET Capra DK, #3 中粗（85% 特级美丽奴羊毛，15% 羊绒，112m/50g/团）
线 A: #68 亚得里亚海混色，3 团
线 B: #61 艾菊混色，1 团
线 C: #65 烟晶混色，1 团

钩针
• 6mm 钩针或达到编织密度所需型号

辅助材料和工具
• 记号扣
• 缝针
• Hildie & Jo 不透明彩虹玻璃米珠：20g，10/0 号，金色 AB
• Hildie & Jo 水晶玻璃米珠：20 g，10/0 号，透明 AB
• DMC 刺绣针，1~5 号
• 缝纫线
• 可乐牌流苏制作器，大号

编织密度
• 使用 6mm 钩针钩加密短针 10cm × 10cm=14 针 × 20 行

特殊针法
加密短针： 在上一圈针脚呈 V 形的线之间钩短针。

（下转第 108 页）

（上接第107页）

[注]
- 除非另外说明，否则环形连续钩编不做引拔。
- 当需要换色时，将钩针插入指定针，针上绕线并拉出1个线圈，然后针上绕线并用新线完成这一针的钩编。
- 使用记号扣标记每一圈的开始。
- 当完成配色部分后，将线A、线B和线C放在作品的一侧待用。

帽子

用线A钩72针锁针，以引拔针连接成环形。

第1圈：在每一针锁针的里山内各钩1针短针（计作72针）。

第2~17圈：钩72针加密短针，环形钩编。

第18圈：［用线C钩1针加密短针，用线B钩1针加密短针］重复钩完这一圈。

第19圈：用线A钩72针加密短针。

第20圈：用线B钩72加密短针。

第21圈：［用线C钩1针加密短针，用线B钩3加密短针］重复钩完这一圈。

第22圈：用线B钩72针加密短针。

第23圈：［用线A钩1针加密短针，用线B钩3针加密短针］重复钩完这一圈。

第24圈：［用线A钩2针加密短针，用线B钩1针加密短针，用线A钩3针加密短针，用线B钩1针加密短针，用线A钩1针加密短针］重复钩完这一圈。

第25圈：［用线A钩2针加密短针，用线B钩1针加密短针，用线A钩1针加密短针，用线C钩1针加密短针，用线A钩1针加密短针，用线B钩1针加密短针，用线A钩1针加密短针）重复钩完这一圈。

第26圈：用线A钩1圈加密短针。

第27圈：［用线A钩2针加密短针，用线B钩1针加密短针，用线A钩3针加密短针，用线B钩1针加密短针，用线A钩1针加密短针］重复钩完这一圈。

剪断线B。

第28、29圈：用线A钩1圈加密短针。

在开始钩第30圈之前，在以下指定针的中央缝1个米珠：

第18圈：在线B的针脚上缝彩虹米珠；在线C的针脚上缝水晶米珠。

第21、25圈：在线C的针脚上缝水晶米珠。

第27圈：在线B的针脚上缝彩虹米珠。

第30圈（帽檐）：将帽檐的边缘折向当前圈，使反面相对，当前圈的每一针和起始圈的每一针对齐。将每一针用短针钩在一起，缝合帽檐。

第31~46圈：钩1圈加密短针（计作72针）。

第47圈：［16针加密短针，加密短针2针并1针］重复钩完这一圈（计作68针）。

第48圈：钩1圈加密短针。

第49圈：［15针加密短针，加密短针2针并1针］重复钩完这一圈（计作64针）。

第50圈：钩1圈加密短针。

第51圈：［14针加密短针，加密短针2针并1针］重复钩完这一圈（计作60针）。

第52圈：钩1圈加密短针。

第53圈：［13针加密短针，加密短针2针并1针］重复钩完这一圈（计作56针）。

第54圈：钩1圈加密短针。

第55圈：［12针加密短针，加密短针2针并1针］重复钩完这一圈（计作52针）。

第56圈：钩1圈加密短针。

第57圈：［11针加密短针，加密短针2针并1针］重复钩完这一圈（计作48针）。

第58圈：钩1圈加密短针。

第59圈：［10针加密短针，加密短针2针并1针］重复钩完这一圈（计作44针）。

第60圈：钩1圈加密短针。

第61圈：［9针加密短针，加密短针2针并1针］重复钩完这一圈（计作40针）。

第62圈：钩1圈加密短针。

第63圈：［8针加密短针，加密短针2针并1针］重复钩完这一圈（计作36针）。

第64圈：钩1圈加密短针。
打结收尾。将毛线穿过剩下的针然后拉紧打结，将帽子的顶部收紧。藏好线尾。

收尾

用线 B 和流苏制作器制作 1 条流苏。将流苏的线尾穿过帽子顶部的中央，调整成需要的长度，然后固定。藏好线尾。

编织图

- 使用线 A 钩 1 针加密短针
- 使用线 B 钩 1 针加密短针
- 使用线 C 钩 1 针加密短针
- ⊙ 水晶米珠
- ⊞ 彩虹米珠

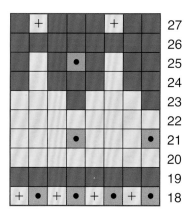

右图：迈克尔·甘本在电影《哈利·波特与阿兹卡班的囚徒》中饰演邓布利多教授

魔法背后

在前几部"哈利·波特"系列电影中，邓布利多教授几乎走到哪里都戴着帽子。直到在电影《哈利·波特与混血王子》中，他才摘下了帽子，并且留了更长的胡须。服装设计师希望这位伟大的巫师在这一部作品中展现出他最脆弱的一面。

牢不可破的誓言
毛衣
UNBREAKABLE VOW
SWEATER

设计：文森特·威廉姆斯 (Vincent Williams)

难度系数 ⚡⚡

在 电影《哈利·波特与混血王子》中，伏地魔交给德拉科·马尔福一项难以完成并很可能会让他致命的任务——刺杀邓布利多教授。绝望的纳西莎·马尔福 (德拉科的母亲) 与她的姐姐贝拉特里克斯·莱斯特兰奇一同前往斯内普教授的家，寻求他的帮助。"她去找斯内普真正的原因是为了确保她儿子的安全。"扮演纳西莎的女演员海伦·麦克洛瑞 (Helen McCrory) 说，"所以她是一个把孩子放在第一位的人，比她自己更重要。她或许是个坏人，但她也是位好母亲。"让姐妹俩大吃一惊的是，斯内普毫不犹豫的同意了提供帮助，并且在贝拉特里克斯惊愕的目光下，与纳西莎立下了牢不可破的誓言 (译注：一种魔法符咒，如果誓言被打破，那么打破的那个人就会死亡)，要用自己的生命保护德拉科。

这个符咒独特的视觉呈现方式 (译注：在施咒者说出第一道誓言时，魔杖会喷发出一道细细的光，缠绕在二人相握的两只手上) 激发了这件充满戏剧性的套头衫的设计灵感，它采用插肩式的设计，款式简约。在渐变色毛衣的衬托下，凸显出引人注目的白色编织花样，看起来像是白色的咒语环绕在手臂上。

尺码

S（M, L, XL, 2XL）（3XL, 4XL, 5XL, 6XL）

成品展示为 M 码，有 10cm 放松量。

教程标注为最小尺寸，较大的尺寸在括号中备注；当只有一个数字时，它适用于所有尺码。

完成尺寸

胸围： 86.5（96.5, 106.5, 117, 127）（137, 147.5, 157.5, 167.5）cm

留出 10cm 的放松度。

毛线

HAZEL KNITS Lively DK, #3 中 粗 （90% 超耐水洗羊毛, 10% 尼龙, 251m/113g/ 团）

线 A: 碳纤维 (青褐混色), 3（3, 4, 4, 5）（6, 7, 8, 9）团

MADELINETOSH Tosh DK（100% 超耐水洗美丽奴羊毛, 每团 205m/100g）

线 B: 仙人掌 (暗绿混色), 2（2, 3, 3, 4）（5, 6, 7, 8）团

线 C: 约书亚树 (松绿混色), 2（2, 3, 3, 4）（5, 6, 7, 8）团

线 D: 本白色, 1（1, 1, 1, 1）（1, 2, 2, 2）团

钩针

• 5.5mm 钩针

辅助材料和工具

• 缝针
• 5 个可摘除记号扣
• 2 个用于袖子的线轴 (可选)

（下转第 112 页）

（上接第 111 页）

编织密度

· 使用 5.5mm 钩针按照说明钩编
10cm×10cm=13 针×19 圈

[注]

毛衣从上向下环形钩编。

· 在挂记号扣那针进行加针时，摘掉记号扣，第 1 针钩普通短针，第 2 针钩加密短针，然后将记号扣放在加密短针上。

· 按照编织图钩编咒语图案时，使用线 D 进行环状嵌花编织。将线 D 的线分成 2 份，这样在钩袖子时，可以用 2 个线球 / 线轴分别钩编。当带动线 D 钩编时，作品的反面会产生小段的浮线。线 D 并没有在整圈带线或钩编。

特殊针法

加密短针：将钩针插入下一针的中央（在这针的 2 条呈 V 形的线之间，而不是挑过上面的前后 2 个线圈），针上绕线，拉出 1 个线圈，针上绕线，将钩针从 2 个线圈里拉出。

加密短针加针：挑过 1 针上面的前后 2 个线圈，钩 1 针标准的短针，在同一针上再钩 1 针加密短针。

加密短针右减针：将钩针插入 1 针，针上绕线，拉出 1 个线圈（钩针上有 2 个线圈），将钩针插入下一针，针上绕线，拉出 1 个线圈（钩针上有 3 个线圈）。将第 2 针和第 3 针线圈交换位置，形成 1 个右倾的减针。针上绕线，将钩针同时从 3 个线圈中拉出。

加密短针 2 针并 1 针：将钩针插入指定针的中央（在这针的 2 条呈 V 形的线之间，而不是挑过上面的前后 2 个线圈），针上绕线，拉出 1 个线圈。将钩针插入下一针的中央，针上绕线，拉出 1 个线圈。针上绕线，将钩针同时从 3 个线圈里拉出。

育克

用线 A，宽松地钩 60（60，62，62，66）（68，68，72，72）针锁针；将圈末记号扣放在最后 1 针上，用引拔针连接成环状，钩 1 针锁针。

第 1 圈：在前 11（11，11，11，12）（12，12，13，13）针锁针内各钩 1 针加密短针，在最后 1 针上放记号扣（右后肩），在接下来的 10（10，10，10，11）（11，11，12，12）针锁针内各钩 1 针加密短针，在最后 1 针上放记号扣（右前肩），在接下来的 19（19，20，20，21）（22，22，23，23）针锁针内各钩 1 针加密短针，在最后 1 针内放记号扣（左前肩），在接下来的 10（10，10，10，11）（11，11，12，12）针锁针内各钩 1 针加密短针，在最后 1 针上放记号扣（左后肩），在最后 10（10，11，11，11）（12，12，12，12）针锁针内各钩 1 针加密短针，计作 60（60，62，62，66）（68，68，72，72）针。

[注] 连续环形钩编；不做引拔。

第 2 圈：钩加密短针至第 1 个记号扣，在标记针内加针，在下一针钩 1 针加密针加针，[钩加密短针至下一个记号扣，在标记针内加针，在加针的第 2 针内放记号扣，在下一针]重复 3 次，钩加密短针至圈末记号扣，在圈末记号扣标记针内钩 1 针加密短针（共加 8 针）。

第 3、4 圈：钩 1 圈加密短针。重复第 2~4 圈 12（13，14，16，17）（18，19，20，21）次，计作 164（172，182，198，210）（220，228，240，248）针。

只适用 S 尺码：跳过第 5~7 圈；从"适用 S、3X、6X 尺码"继续钩编。

只适用 M、L、XL、2XL、3XL、4XL、5XL、6XL 尺码：从第 5 圈继续钩编。

第 5 圈：钩加密短针至记号扣，在标记针内加针，在加针的第 2 针内放记号扣，钩加密短针至下一个记号扣，在标记针内钩 1 针加密针，在下一针内加针，在加针的第 2 针内放记号扣，钩加密短针至下一个记号扣，在标记针内加针，在加针的第 2 针内放记号扣，钩加密短针至下一个记号扣，在标记针内钩 1 针加密针，在下一针内加针，在加针的第 2 针内放记号扣，钩加密短针至下一个记号扣，在圈末记号扣标记针内钩 1 针加密短针（共加 4 针）。

第 6、7 圈：钩 1 圈加密短针。

重复第 5~7 圈（1，2，2，4）（5，7，8，10）次，计作（180，194，210，230）（244，260，276，292）针。

适用 M、4XL、5XL 尺码：从身体继续钩编。

适用 S、3XL、6XL 尺码：钩加密短针至第 1 针标记针，在第 1 针标记针内钩 1 针加密短针，在下一针内钩加密短针 1 针分 2 针，在加针的第 2 针内放置记号扣，钩加密短针至下一标记针，在下一针标记针内钩 1 针加密短针，在下一针内钩加密短针 1 针分 2 针，在加针的第 2 针内放置记号扣，[钩加密短针至下一个标记针，在下一针标记针内钩加密短针 1 针分 2 针，在加针的第 2 针内放置记号扣]重复 2 次，钩加密短针至圈末记号扣，在圈末记号扣标记针内钩 1 针加密短针，计作加 4 针，168(-，-，-，-)（248，-，-，296）针。

适用 L 尺码：钩加密短针至第 1 针标记针，在第 1 针标记针内钩 1 针加密短针，在下一针内钩加密短针 1 针分 2 针，在加针的第 2 针内放置记号扣，钩加密短针至第 4 个记号扣，在标记针内钩加密短针 1 针分 2 针，在加针的第 2 针内放置记号扣，钩加密短针至圈末记号扣，在圈末记号扣标记针内钩 1 针加密短针，计作加 2 针，-(-，196，-，-)(-，-，-，-)针。

适用 XL 和 2XL 尺码：钩加密短针至第 2 针标记针，在第 2 针标记针内钩 1

针加密短针，在下一针内钩加密短针1针分2针，在加针的第2针内放置记号扣，钩加密短针至下一个标记针，在标记针内加针，在加针的第2针内放置记号扣，钩加密短针至圈末记号扣，在圈末记号扣标记针内钩1针加密短针，计作加2针，-(-, -, 212, 232)(-, -, -, -)针。

身片

[注]环形连续钩编；不做引拔。

第1圈：钩加密短针至第1个记号扣（后右肩），短针起针法钩9(10, 11, 12, 13)(14, 15, 16, 17)针，摘掉记号扣，跳过37(38, 41, 44, 47)(50, 51, 54, 57)针（右袖子），在第2针标记针内钩1针加密短针，钩加密短针至第3针标记针，在标记针内钩1针加密短针，摘掉记号扣，短针起针法钩9(10, 11, 12, 13)(14, 15, 16, 17)针，跳过37(38, 41, 44, 47)(50, 51, 54, 57)针（左袖子），在第4个记号扣的下一针内钩1针加密短针，摘掉记号扣，钩加密短针至圈末记号扣，在圈末记号扣标记针内钩1针加密短针，计作112(124, 136, 148, 164)(176, 188, 200, 216)针。

钩10(11, 12, 12, 13)(13, 13, 14, 14)圈加密短针。

过渡第1圈：用线B钩1圈加密短针。

过渡第2圈：用线A钩1圈加密短针。

过渡第3~6圈：重复过渡第1、2圈。

用线B钩1圈加密短针，钩27(29, 30, 30, 33)(33, 36, 37, 37)圈。

用线C替代线B，线B替代线A，重复过渡第1~6圈。

用线C钩1圈加密短针，钩35(35, 36, 36, 38)(40, 40, 41, 41)圈。

身片部分从腋下开始测量长约39.5(40.5, 42, 43, 44.5)(45.5, 47, 48.5, 48.5)cm。

袖子（制作2个）

留出一段长12.5cm的线尾，从腋下最右侧的针开始计算，将线A接在腋下第5(6, 7, 7, 8)(8, 9, 9, 10)针上。

[注]连续环形钩编；不做引拔。

第1圈：在腋下钩5(5, 5, 6, 6)(7, 7, 8, 8)针加密短针，在腋下第1针内放置1个起始记号扣，在袖子针内钩37(38, 41, 44, 47)(50, 51, 54, 57)针，在腋下余下的4(5, 6, 6, 7)(7, 8, 8, 9)针内各钩1针加密短针，在最后1针内放置圈末记号扣，计作46(48, 52, 56, 60)(64, 66, 70, 74)针袖子针。

按照所选尺码继续钩编，同时从第46(48, 52, 56, 60)(64, 66, 70, 74)圈按如下方法钩编1个从线A到线B的颜色过渡：[1圈线B，1圈线A]重复3次。用线B继续钩编图案。

[注]（所有尺码）：在袖子减针圈之间钩1圈加密短针。

S尺码：**减针圈**：钩1针加密短针向右减针，钩加密短针至最后2针，钩加密短针2针并1针，计作减2针。

每6圈重复1次减针圈，再重复4次，计作总共减10针。

按图案1钩编（第116页）。

M尺码（减针圈）：钩1针加密短针向右减针，钩加密短针至最后2针，钩加密短针2针并1针，计作减2针。

每6圈重复1次减针圈，重复3次，然后每8圈重复1次减针圈，再重复1次，计作总共减10针。

按图案2钩编（第116页）。

L尺码（减针圈）：钩1针加密短针向右减针，钩加密短针至最后2针，钩加密短针2针并1针，计作减2针。

每6圈重复1次减针圈，再重复5次，计作总共减12针。

按图案3钩编（第116页）。

XL尺码（减针圈）：钩1针加密短针向右减针，钩加密短针至最后2针，钩加密短针2针并1针，计作减2针。

每6圈重复1次减针圈，再重复6次，计作总共减14针。

按图案4钩编（第118页）。

2XL尺码（减针圈）：在第1针钩1针加密短针，1针加密短针向右减针，钩加密短针至最后2针，钩加密短针2针并1针，计作减2针。

每4圈重复1次减针圈，再重复2次，然后每6圈重复1次减针圈，重复5次，计作总共减16针。

按图案5钩编（第118页）。

3XL尺码（减针圈）：在第1针钩1针加密短针，1针加密短针向右减针，钩加密短针至最后2针，钩加密短针2针并1针，计作减2针。

每4圈重复1次减针圈，再重复7次，然后每6圈重复1次减针圈，重复2次，计作总共减20针。

按图案5钩编（第118页）。

4XL尺码（减针圈）：在第1针钩1针加密短针，1针加密短针向右减针，钩加密短针至最后2针，加密短针2针并1针，计作减2针。

每4圈重复1次减针圈，再重复7次，然后每6圈重复1次减针圈，再重复2次，计作总共减20针。

按图案6钩编（第118页）。

5XL尺码（减针圈）：在第1针钩1针加密短针，1针加密短针向右减针，钩加密短针至最后2针，钩加密短针2针并1针，计作减2针。

每4圈重复1次减针圈，再重复11次，计作总共减24针。

按图案6钩编（第118页）。

6XL尺码（减针圈）：在第1针钩1针加密短针，1针加密短针向右减针，钩加密短针至最后2针，加密短针2针并1针，计作减2针。

每4圈重复1次减针圈，再重复12次，计作总共减26针。

按图案7钩编（第119页）。

所有尺码：打结收尾。

收尾

在反面藏好所有线尾。按尺寸蒸汽熨烫或湿定型。

"你要发誓。立一个牢不可破的誓言。"

贝拉特里克斯·莱斯特兰奇　电影《哈利·波特与混血王子》

——☆——

上图：在电影《哈利·波特与混血王子》中，西弗勒斯·斯内普向纳西莎·马尔福立下牢不可破的誓言，纳西莎的妹妹贝拉特里克斯·莱斯特兰奇负责施展魔法

图案1

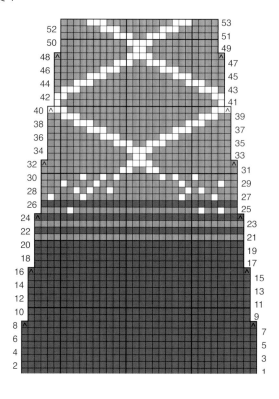

编织图

■ 使用线 B 钩 1 针加密短针

▨ 使用线 C 钩 1 针加密短针

□ 使用线 D 钩 1 针加密短针

⋀ 使用指定颜色线钩 1 针加密短针
   向右减针

图案2

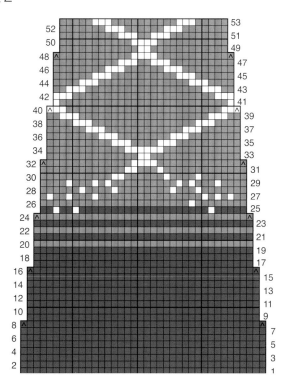

图案3

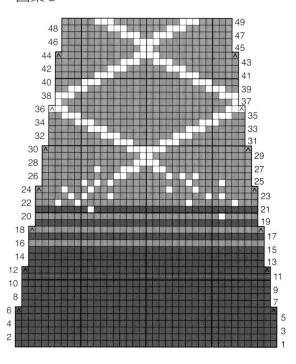

图案 4

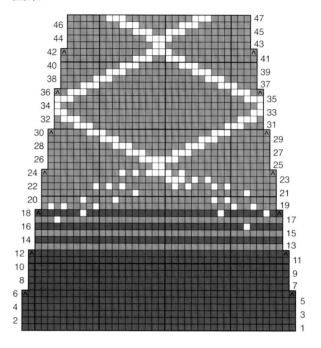

编织图

- ■ 使用线 B 钩 1 针加密短针
- ▨ 使用线 C 钩 1 针加密短针
- □ 使用线 D 钩 1 针加密短针
- ⟨∧⟩ 使用指定颜色线钩 1 针加密短针
  向右减针

图案 5

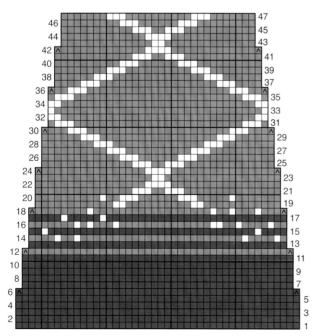

图案 6

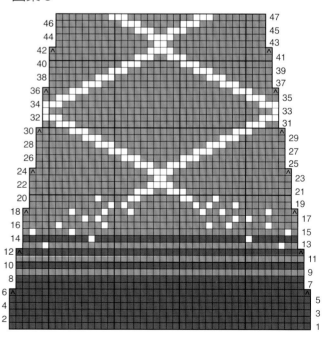

图案 7

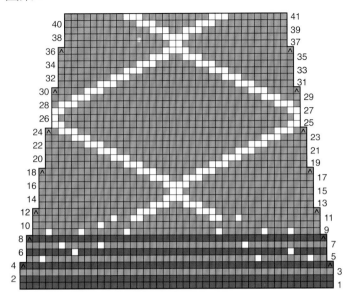

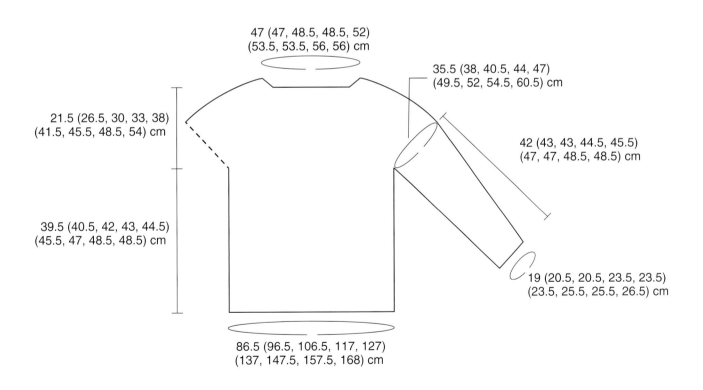

47 (47, 48.5, 48.5, 52)
(53.5, 53.5, 56, 56) cm

35.5 (38, 40.5, 44, 47)
(49.5, 52, 54.5, 60.5) cm

21.5 (26.5, 30, 33, 38)
(41.5, 45.5, 48.5, 54) cm

42 (43, 43, 44.5, 45.5)
(47, 47, 48.5, 48.5) cm

39.5 (40.5, 42, 43, 44.5)
(45.5, 47, 48.5, 48.5) cm

19 (20.5, 20.5, 23.5, 23.5)
(23.5, 25.5, 25.5, 26.5) cm

86.5 (96.5, 106.5, 117, 127)
(137, 147.5, 157.5, 168) cm

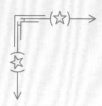
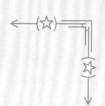

纪念品和古董

来自魔法世界的家居装饰品和
个人纪念品

"欢迎回家。"

罗恩·韦斯莱　电影《哈利·波特与密室》

基础针法
视频讲解
[不含特殊针法]

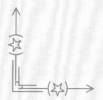
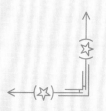

陌居毯子
THE BURROW BLANKET

设计：艾米丽·戴维斯（Emily Davis）

难度系数 ⚡

在电影《哈利·波特与密室》中，哈利被罗恩和他的兄弟们从女贞路 4 号的德思礼夫妇家中救出后，首次造访了韦斯莱家族宅邸——陌居（the burrow）。韦斯莱家族的陌居里有许多倾斜的建筑结构，与女贞路的房屋大为不同，这里的房子充满了温暖的色彩、不匹配的家具以及稀奇古怪的东西，毋庸置疑，还有很多魔法。

布景师斯蒂芬妮·麦克米兰（Stephenie McMillan）曾两次受邀装饰韦斯莱的家：第一次是为了介绍它，第二次是在电影《哈利·波特与混血王子》中，在食死徒放火烧毁韦斯莱家之后。"我们彻底更换了家具，给他们建造了一个新的厨房，并在家中放置了一架钢琴。原始的铸铁壁炉被保留了下来，因为我们觉得它可以在火灾中幸存。"麦克米兰说，她和她的团队去旧货商店采购了许多装饰品，取代了韦斯莱家中的大部分装饰。他们猜测莫丽·韦斯莱会借此机会对自己的家进行翻新，并在家中添置一些舒适的物品——就像这条传统的毯子，灵感来自陌居的朴实色调和温馨美学。

这是一款祖母方格拼花毛线毯，将一片片方形花片缝在一起，形成符合莫丽·韦斯莱不拘一格品味的色彩搭配。她擅长在装饰中使用棕色、橙色和绿色，这条毯子将这几种颜色完美地结合在一起。

尺码
均码

完成尺寸
长度： 152.5cm
宽度： 132cm

毛线
WECROCHET City Tweed DK，#3 中粗（55% 美丽奴羊毛，25% 特级羊驼，20% 多尼盖尔粗花呢，112m/50g/ 团）
线 A： #28198 洋蓟（金绿混色），1 团
线 B： #24546 哈瓦那辣椒（暖橙混色），1 团
线 C： #24982 欧洲贵族（红褐混色），1 团
线 D： #24543 梅子酒（酒红混色），1 团
线 E： #24980 雪鞋（燕麦混色），1 团
线 F： #24550 虎斑（中灰混色），1 团

钩针
• 5mm 钩针或达到编织密度所需型号

辅助材料和工具
• 定型垫和珠针
• 缝针

编织密度
• 使用 5mm 钩针钩长针
10cm×10cm=14 针×8 行
编织密度对这个作品而言并不重要，但是所用毛线的重量和钩针型号会影响成品的尺寸。

（下转第 124 页）

（上接第 123 页）

[注]

• 这条毯子由缝合在一起的各种颜色的祖母方块组成。

• 虎斑色是用来为每个方块形成边框的配色。它也用于缝合毛毯边缘。

• 总共需要制作 168 个方块。

特殊针法

狗牙针：钩 4 针锁针，引拔连接至第 1 针锁针。这一针与 1 针短针一样在同一个孔眼中钩编。

无缝缝合

无缝缝合可沿垂直边缘形成不可见的接缝。它可以连接任意 2 条边，包括转弯的锁针边、顶边或底边。

将需要缝合的 2 个织片正面朝向自己，并排放在一个平面上。将一根约为缝合处 3 倍长度的线穿到缝针上。

从底部边缘开始，将缝针插入一个织片的第 1 针边缘针下方，然后插入另一个织片对应针的下方。

［将缝针插入第 1 个织片下一针的下方，然后插入另一个织片下一针的下方］重复，交替不同的边，直到完成接缝，在第 1 个织片的最后 1 针处结束。在反面藏线尾固定。

方块（用线 A 制作 34 个，用线 B 制作 34 个，用线 C 制作 34 个，用线 D 制作 33 个，用线 E 制作 33 个）

钩 4 针锁针；引拔连接至第 1 针锁针形成一个圈。

第 1 圈：3 针锁针（在此处以及整个钩编过程中计作第 1 针长针），在圈中钩 2 针长针，2 针锁针，［在圈中钩 3 针长针，2 针锁针］重复 3 次；引拔连接至起始锁针的顶部，计作 12 针长针，4 个 2 针锁针孔眼。

第 2 圈：翻面，在 2 针锁针孔眼内钩 1 针引拔针，在同一个 2 针锁针孔眼内钩（3 针锁针，2 针长针），［在下一个 2 针锁针孔眼内钩（3 针长针，2 针锁针，3 针长针）（转角完成）］重复 3 次；在第 1 个 2 针锁针孔眼内钩（3 针长针，2 针锁针），引拔连接至起始锁针的顶部，计作 24 针长针，4 个 2 针锁针孔眼。

第 3 圈：翻面，在 2 针锁针孔眼内钩 1 针引拔针，在同一个 2 针锁针孔眼内钩（3 针锁针，2 针长针），［在下 2 个长针之间形成的孔眼内钩 3 针长针，在下一个 2 针锁针孔眼内钩（3 针长针，2 针锁针，3 针长针）］重复 3 次，在下 2 个长针之间形成的孔眼内钩 3 针长针；在第 1 个 2 针锁针孔眼内钩（3 针长针，2 针锁针），引拔连接至起始锁针的顶部，计作 36 针长针，4 个 2 针锁针孔眼。

第 4 圈：翻面，在 2 针锁针孔眼内钩 1 针引拔针，在同一个 2 针锁针孔眼内钩（3 针锁针，2 针长针），［（在下 2 个长针之间形成的孔眼内钩 3 针长针）重复 2 次，在下一个 2 针锁针孔眼内钩（3 针长针，2 针锁针，3 针长针）］重复 3 次，（在下 2 个长针之间形成的孔眼内钩 3 针长针）重复 2 次，在第 1 个 2 针锁针孔眼内钩（3 针长针，2 针锁针），引拔连接至起始锁针的顶部，计作 48 针长针，4 个 2 针锁针孔眼。

打结收尾。

第 5 圈：在任意一边的第 1 针长针上接线 F，钩 1 针锁针，［在每一针内钩 1 针短针，在 2 针锁针孔眼内钩 3 针短针］重复 1 圈，引拔连接至第 1 针短针（计作 60 针）。

打结收尾。

组装

在缝合之前将方块按照 11cm × 11cm 尺寸定型（成品展示的是蒸汽定型的）。根据编织图，用线 F，使用无缝缝合针法，将方块缝合在一起。

边缘

正面朝向自己，将线 F 接入毯子的右下角，钩 1 针锁针。

第 1 圈：沿着下边缘钩 144 针短针，在转角内钩 3 针短针，沿着左边缘钩 168 针短针，在转角内钩 3 针短针，沿着上边缘钩 144 针短针，在转角内钩 3 针短针，沿着右边缘钩 168 针短针，在转角内钩 3 针短针；引拔连接至第 1 针短针（计作 636 针）。

第 2 圈：钩 1 针锁针，翻面，（钩 4 针短针，1 针狗牙针）重复 1 圈，引拔连接至第 1 针短针，计作 636 针短针，159 针狗牙针。

打结收尾。

收尾

藏好线尾。

上图：陋居客厅的场景图

编织图

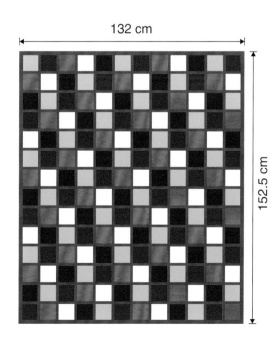

☐ 使用线 A 钩方块
■ 使用线 B 钩方块
■ 使用线 C 钩方块
■ 使用线 D 钩方块
☐ 使用线 E 钩方块
■ 使用线 F 钩边缘

132 cm

152.5 cm

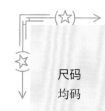

霍格沃茨
录取通知书
斜挎包

Hogwarts
Acceptance Letter
Cross-Body Bag

设计：马拉那瑟·埃诺尤（Maranatha Enoiu）

难度系数 ⚡⚡

当小巫师年满 11 岁，他们会收到来自猫头鹰邮局的一封特别的信——霍格沃茨录取通知书。电影《哈利·波特与魔法石》中，在创造哈利收到数千封信的场景时，特效总监约翰·理查森（John Richardson）为了寻求真实效果，并没有用电脑合成这些信件。"我们制造的机器能够以极快且可控的速度将信封扔出去，"他解释说，"这些机器设置在布景的顶部。我们也有另一种机械装置，使用空气设备将这些信封从烟囱中发射出来。"在向导演克里斯·哥伦布展示了这些信件的设置后，理查森回忆道："他当时惊呼：'天哪，它成功了！太棒了！'"

这是一个印有霍格沃茨录取通知书的斜挎包。它的整体采用信封式设计，包盖处有 H 字样的火漆封蜡细节，包体使用与羊皮纸信封颜色相似的毛线。这个包采用一片式钩编，在两侧进行缝合，最后再添加一条长肩带就完成了。

尺码
均码

成品尺寸
宽度：25.5cm
高度：20cm

毛线
WECROCHET Stroll，#1 超 细（75% 特级超耐水洗美丽奴羊毛，25% 尼龙，211m/50g/ 团）
线 A：裸色，3 团
线 B：#23701 黑色，1 团
线 C：#27234 浆果红，1 团

钩针
• 2.25mm 钩针或达到编织密度所需型号

辅助材料和工具
• 记号扣
• 缝针

编织密度
• 使用 2.25mm 钩针钩短针 10cm × 10cm=35 针 × 40 行

[注]
• 图案行在正面钩编。
• 包带使用罗马尼亚绳制作。请记住始终顺时针翻转绳子。
• 文字说明省略了编织图（第 133 页）第 1、2 行

（下转第 128 页）

(上接第 127 页)

特殊针法

罗马尼亚绳 (虾辫)

是一个扁平的正反面相同的绳子，可以用于包带和领带。当在每一行末端翻面时，始终顺时针翻面。

钩 2 针锁针。

第 1 行：跳过 1 针，在第 2 针锁针内钩 1 针短针，翻面 (计作 1 针)。

第 2 行：在行末端 (绳子边缘) 的水平短横线内钩 1 针短针，翻面。

第 3 行：在行末端 (绳子边缘) 的 2 个水平短横线内各钩 1 针短针，翻面。

重复第 3 行至绳子达到所需长度。打结收尾。

包体

短针起针法起 90 针。

第 2~162 行：1 针锁针，90 针短针，翻面 (计作 90 针)。

织片应长 38cm。

配色部分

[注] 请参考第 133 页的编织图或文字说明。在整个配色部分正面朝向自己。对于所有行，在正面接线；在每行的末端，打结收尾并剪断线。

第 1 行：用线 A 钩 27 针短针；用线 B 钩 37 针短针；用线 A 钩 26 针短针 (计作 90 针)。

第 2 行：用线 A 钩 26 针短针；用线 B 钩 1 针短针；用线 A 钩 37 针短针；用线 B 钩 1 针短针；用线 A 钩 25 针短针。

第 3 行：用线 A 钩 25 针短针；用线 B 钩 1 针短针；用线 A 钩 11 针短针；用线 B 钩 4 针短针；用线 A 钩 1 针短针；用线 B 钩 1 针短针；用线 A 钩 3 针短针；用线 B 钩 1 针短针；用线 A 钩 1 针短针；用线 B 钩 4 针短针；用线 A 钩 1 针短针；用线 B 钩

4 针短针；用线 A 钩 7 针短针；用线 B 钩 2 针短针；用线 A 钩 24 针短针。

第 4 行：用线 A 钩 24 针短针；用线 B 钩 1 针短针；用线 A 钩 8 针短针；用线 B 钩 3 针短针；用线 A 钩 4 针短针；用线 B 钩 1 针短针；用线 A 钩 3 针短针；用线 B 钩 1 针短针；用线 A 钩 1 针短针；用线 B 钩 1 针短针；用线 A 钩 3 针短针；用线 B 钩 1 针短针；用线 A 钩 1 针短针；用线 B 钩 1 针短针；用线 A 钩 2 针短针；用线 B 钩 1 针短针；用线 A 钩 1 针短针；用线 B 钩 3 针短针；用线 A 钩 4 针短针；用线 B 钩 2 针短针；用线 A 钩 23 针短针。

第 5 行：用线 A 钩 23 针短针；用线 B 钩 1 针短针；用线 A 钩 1 针短针；用线 B 钩 3 针短针；用线 A 钩 1 针短针；用线 B 钩 3 针短针；[用线 A 钩 1 针短针；用线 B 钩 1 针短针] 重复 3 次；用线 A 钩 1 针短针；用线 B 钩 2 针短针；[用线 A 钩 1 针短针；用线 B 钩 1 针短针] 重复 3 次；[用线 A 钩 1 针短针；用线 B 钩 4 针短针] 重复 2 次；用线 A 钩 2 针短针；用线 B 钩 1 针短针；用线 A 钩 2 针短针；用线 B 钩 3 针短针；用线 A 钩 1 针短针；用线 B 钩 1 针短针；用线 A 钩 23 针短针。

第 6 行：用线 A 钩 23 针短针；用线 B 钩 1 针短针；用线 A 钩 2 针短针；用线 B 钩 1 针短针；用线 A 钩 3 针短针；用线 B 钩 1 针短针；用线 A 钩 2 针短针；用线 B 钩 1 针短针；[用线 A 钩 1 针短针；用线 B 钩 1 针短针] 重复 2 次；用线 A 钩 2 针短针；用线 B 钩 1 针短针；用线 A 钩 1 针短针；用线 B 钩 5 针短针；用线 A 钩 1 针短针；用线 B 钩 1 针短针；用线 A 钩 2 针短针；[用线 B 钩 1 针短针；用线 A 钩 1 针短针] 重复 2 次；用线 B 钩 1 针短针；用线 A 钩 3 针短针；用线 B 钩 1 针短针；用线 A 钩 2 针短针；用线 B 钩 1 针短针；用线 A 钩 23 针短针。

第 7 行：用线 A 钩 23 针短针；用线 B

钩 1 针短针；用线 A 钩 2 针短针；用线 B 钩 5 针短针；用线 A 钩 2 针短针；[用线 B 钩 1 针短针；用线 A 钩 1 针短针] 重复 2 次；用线 B 钩 4 针短针；[用线 A 钩 1 针短针；用线 B 钩 1 针短针] 重复 4 次；用线 A 钩 2 针短针；用线 B 钩 1 针短针；用线 A 钩 1 针短针；用线 B 钩 1 针短针；[用线 A 钩 2 针短针；用线 B 钩 1 针短针] 重复 2 次；用线 A 钩 2 针短针；用线 B 钩 3 针短针；用线 A 钩 1 针短针；用线 B 钩 2 针短针；用线 A 钩 22 针短针。

第 8 行：用线 A 钩 22 针短针；用线 B 钩 2 针短针；用线 A 钩 2 针短针；用线 B 钩 1 针短针；用线 A 钩 3 针短针；用线 B 钩 1 针短针；用线 A 钩 2 针短针；用线 B 钩 3 针短针；用线 A 钩 23 针短针；用线 B 钩 1 针短针；用线 A 钩 4 针短针；用线 B 钩 1 针短针；用线 A 钩 1 针短针；用线 B 钩 3 针短针；用线 A 钩 21 针短针。

第 9 行：用线 A 钩 21 针短针；[用线 B 钩 3 针短针；用线 A 钩 1 针短针) 重复 2 次；用线 B 钩 3 针短针；用线 A 钩 5 针短针；用线 B 钩 16 针短针；用线 A 钩 9 针短针；用线 B 钩 3 针短针；用线 A 钩 1 针短针；用线 B 钩 1 针短针；用线 A 钩 1 针短针；用线 B 钩 2 针短针；用线 A 钩 20 针短针。

第 10 行：用线 A 钩 20 针短针；用线 B 钩 2 针短针；用线 A 钩 1 针短针；用线 B 钩 1 针短针；用线 A 钩 8 针短针；用线 B 钩 5 针短针；用线 A 钩 16 针短针；用线 B 钩针 6 针短针；用线 A 钩 7 针短针；用线 B 钩 1 针短针；用线 A 钩 23 针短针。

第 11 行：用线 A 钩 24 针短针；用线 B 钩 2 针短针；用线 A 钩 3 针短针；用线 B 钩 3 针短针；用线 A 钩 5 针短针；用线 B 钩 2 针短针；用线 A 钩 12 针短针；用线 B 钩 2 针短针；用线 A 钩 6 针短针；用线 B 钩 2 针短针；用线 A 钩 3 针短针；用线 B 钩 2 针短针；用线 A 钩 2 针短针；用线 B 钩 2 针短针；用线 A 钩 20 针短针。

第 12 行：用线 A 钩 21 针短针；用线 B

钩8针短针；用线 A 钩5针短针；用线 B 钩4针短针；用线 A 钩1针短针；用线 B 钩1针短针；用线 A 钩10针短针；用线 B 钩1针短针；用线 A 钩2针短针；用线 B 钩3针短针；用线 A 钩5针短针；用线 B 钩8针短针；用线 A 钩21针短针。

第13行：用线 A 钩23针短针；用线 B 钩1针短针；用线 A 钩2针短针；用线 B 钩1针短针；用线 A 钩6针短针；用线 B 钩8针短针；用线 A 钩8针短针；用线 B 钩1针短针；用线 A 钩5针短针；用线 B 钩2针短针；用线 A 钩6针短针；用线 B 钩1针短针；用线 A 钩2针短针；用线 B 钩1针短针；用线 A 钩23针短针。

第14行：用线 A 钩22针短针；用线 B 钩2针短针；用线 A 钩1针短针；用线 B 钩1针短针；用线 A 钩6针短针；用线 B 钩1针短针；用线 A 钩6针短针；用线 B 钩2针短针；用线 A 钩5针短针；用线 B 钩1针短针；用线 A 钩1针短针；用线 B 钩4针短针；用线 A 钩2针短针；用线 B 钩2针短针；用线 A 钩6针短针；用线 B 钩1针短针；用线 A 钩1针短针；用线 B 钩2针短针；用线 A 钩22针短针。

第15行：用线 A 钩21针短针；用线 B 钩2针短针；用线 A 钩1针短针；用线 B 钩1针短针；用线 A 钩6针短针；［用线 B 钩1针短针；用线 A 钩1针短针］重复2次；［用线 B 钩2针短针；用线 A 钩1针短针］重复2次；用线 B 钩1针短针；用线 A 钩1针短针；［用线 B 钩2针短针；用线 A 钩1针短针］重复2次；用线 B 钩1针短针；用线 A 钩1针短针；用线 B 钩4针短针；用线 A 钩3针短针；用线 B 钩1针短针；用线 A 钩6针短针；用线 B 钩1针短针；用线 A 钩1针短针；用线 B 钩2针短针；用线 A 钩21针短针。

第16行：用线 A 钩21针短针；用线 B 钩3针短针；用线 A 钩7针短针；用线 B 钩3针短针；用线 A 钩2针短针；用线 B 钩1针短针；用线 A 钩

1针短针；用线 B 钩1针短针；用线 A 钩2针短针；用线 B 钩2针短针；用线 A 钩1针短针；［用线 B 钩1针短针；用线 A 钩1针短针］重复2次；用线 B 钩4针短针；用线 A 钩1针短针；用线 B 钩2针短针；用线 A 钩3针短针；用线 B 钩1针短针；用线 A 钩7针短针；用线 B 钩3针短针；用线 A 钩21针短针。

第17行：用线 A 钩31针短针；用线 B 钩4针短针；用线 A 钩1针短针；用线 B 钩3针短针；用线 A 钩2针短针；用线 B 钩2针短针；［用线 A 钩1针短针；用线 B 钩1针短针］重复2次；用线 A 钩1针短针；用线 B 钩3针短针；用线 A 钩1针短针；用线 B 钩2针短针；用线 A 钩4针短针；用线 B 钩1针短针；用线 A 钩31针短针。

第18行：用线 A 钩31针短针；用线 B 钩1针短针；用线 A 钩1针短针；用线 B 钩3针短针；用线 A 钩1针短针；用线 B 钩1针短针；用线 A 钩1针短针；用线 B 钩3针短针；用线 A 钩2针短针；用线 B 钩1针短针；用线 A 钩1针短针；用线 B 钩1针短针；用线 A 钩4针短针；用线 B 钩2针短针；用线 A 钩2针短针；用线 B 钩3针短针；用线 A 钩1针短针；用线 B 钩1针短针；用线 A 钩30针短针。

第19行：用线 A 钩31针短针；用线 B 钩1针短针；用线 A 钩3针短针；用线 B 钩7针短针；用线 A 钩2针短针；用线 B 钩1针短针；用线 A 钩1针短针；用线 B 钩1针短针；用线 A 钩4针短针；用线 B 钩4针短针；用线 A 钩4针短针；用线 B 钩1针短针；用线 A 钩30针短针。

第20行：用线 A 钩30针短针；用线 B 钩1针短针；用线 A 钩1针短针；用线 B 钩3针短针；用线 A 钩1针短针；用线 B 钩2针短针；用线 A 钩1针短针；用线 B 钩13针短针；用线 A 钩2针短针；用线 B 钩1针短针；用线 A 钩2针短针；用线 B 钩2针短针；用线 A 钩31针短针。

第21行：用线 A 钩30针短针；用线 B

钩1针短针；用线 A 钩3针短针；用线 B 钩2针短针；用线 A 钩2针短针；用线 B 钩2针短针；用线 A 钩11针短针；［用线 B 钩1针短针；用线 A 钩2针短针］重复2次；用线 B 钩1针短针；用线 A 钩32针短针。

第22行：用线 A 钩31针短针；用线 B 钩2针短针；用线 A 钩1针短针；用线 B 钩2针短针；用线 A 钩2针短针；用线 B 钩2针短针；［用线 A 钩1针短针；用线 B 钩4针短针］重复2次；用线 A 钩1针短针；用线 B 钩1针短针；用线 A 钩2针短针；用线 B 钩1针短针；用线 A 钩35针短针。

第23行：用线 A 钩32针短针；用线 B 钩1针短针；用线 A 钩1针短针；用线 B 钩1针短针；用线 A 钩4针短针；用线 B 钩1针短针；用线 A 钩2针短针；用线 B 钩2针短针；用线 A 钩3针短针；用线 B 钩2针短针；用线 A 钩2针短针；用线 B 钩1针短针；用线 A 钩2针短针；用线 B 钩1针短针；用线 A 钩35针短针。

第24行：用线 A 钩34针短针；用线 B 钩5针短针；用线 A 钩3针短针；［用线 B 钩2针短针；用线 A 钩3针短针］重复2次；用线 B 钩4针短针；用线 A 钩34针短针。

第25行：用线 A 钩34针短针；用线 B 钩1针短针；用线 A 钩5针短针；用线 B 钩11针短针；用线 A 钩5针短针；用线 B 钩1针短针；用线 A 钩33针短针。

第26行：用线 A 钩34针短针；用线 B 钩5针短针；［用线 A 钩3针短针；用线 B 钩2针短针］重复3次；用线 A 钩2针短针；用线 B 钩1针短针；用线 A 钩33针短针。

第27行：用线 A 钩34针短针；用线 B 钩1针短针；用线 A 钩4针短针；用线 B 钩1针短针；用线 A 钩2针短针；用线 B 钩2针短针；用线 A 钩3针短针；用线 B 钩2针短针；用线 A 钩2针短针；用线 B 钩1针短针；用线 A 钩1针短针；用线 B 钩1针短针；用线 A 钩1针短针，用线 B 钩5针短针；用线 A 钩30针短针。

第28行：用线 A 钩32针短针；用线 B

钩3针短针；用线A钩4针短针；用线B钩1针短针；[用线A钩1针短针；用线B钩4针短针]重复2次；用线A钩1针短针；用线B钩9针短针；用线A钩30针短针。

第29行：用线A钩32针短针；用线B钩1针短针；用线A钩6针短针；用线B钩1针短针；用线A钩11针短针；用线B钩9针短针；用线A钩30针短针。

第30行：用线A钩31针短针；用线B钩1针短针；用线A钩1针短针；用线B钩2针短针；用线A钩2针短针；用线B钩1针短针；用线A钩1针短针；用线B钩13针短针；用线A钩6针短针；用线B钩2针短针；用线A钩30针短针。

第31行：用线A钩29针短针；用线B钩2针短针；用线A钩2针短针；用线B钩1针短针；用线A钩1针短针；用线B钩4针短针；用线A钩5针短针；用线B钩1针短针；用线A钩1针短针；用线B钩1针短针；用线A钩6针短针；用线B钩2针短针；用线A钩2针短针；用线B钩1针短针；用线A钩1针短针；用线B钩3针短针；用线A钩28针短针。

第32行：用线A钩29针短针；[用线B钩2针短针；用线A钩2针短针]重复2次；用线B钩3针短针；用线A钩4针短针；[用线B钩1针短针；用线A钩1针短针]重复2次；[用线B钩2针短针；用线A钩1针短针]重复2次；用线B钩1针短针；用线A钩1针短针；用线B钩3针短针；用线A钩1针短针；用线B钩2针短针；用线A钩28针短针。

第33行：用线A钩29针短针；用线B钩2针短针；用线A钩2针短针；用线B钩3针短针；用线A钩3针短针；用线B钩2针短针；用线A钩3针短针；[用线B钩1针短针；用线A钩1针短针]重复2次；用线B钩2针短针；用线A钩1针短针；用线B钩1针短针；用线A钩1针短针；用线B钩5针短针；用线A钩2针短针；用线B钩2针短针；用线A

钩28针短针。

第34行：用线A钩29针短针；用线B钩3针短针；用线A钩2针短针；用线B钩6针短针；用线A钩4针短针；[用线B钩1针短针；用线A钩1针短针]重复2次；用线B钩3针短针；用线A钩1针短针；用线B钩4针短针；用线A钩1针短针；用线B钩1针短针；用线A钩2针短针；用线B钩2针短针；用线A钩28针短针。

第35行：用线A钩[短针2针并1针]重复2次，27针短针；用线B钩1针短针；用线A钩2针短针；用线B钩4针短针；用线A钩6针短针；[用线B钩1针短针；用线A钩1针短针]重复2次；用线B钩8针短针；[用线A钩1针短针；用线B钩1针短针]重复2次；用线A钩26针短针，[短针2针并1针]重复2次（计作86针）。

第36行：用线A钩[短针2针并1针]重复2次，25针短针；用线B钩2针短针；用线A钩1针短针；用线B钩5针短针；用线A钩5针短针；[用线B钩1针短针；用线A钩1针短针]重复2次；用线B钩3针短针；用线A钩1针短针；用线B钩4针短针；用线A钩2针短针；用线B钩2针短针；用线A钩24针短针，[短针2针并1针]重复2次（计作82针）。

第37行：用线A钩短针2针并1针，17针短针；用线B钩4针短针；用线A钩5针短针；用线B钩8针短针；用线A钩4针短针；[用线B钩1针短针；用线A钩1针短针]重复2次；用线B钩2针短针；用线A钩3针短针；用线B钩2针短针；用线A钩2针短针；用线B钩2针短针；用线A钩5针短针；用线B钩4针短针；用线A钩16针短针，短针2针并1针（计作80针）。

第38行：用线A钩[短针2针并1针]重复2次，14针短针；用线B钩1针短针；用线A钩2针短针；用线B钩2针短针；用线A钩6针短针；用线B钩6针短针；用线A钩4针短

针；用线B钩1针短针；用线A钩1针短针；用线B钩1针短针；用线A钩2针短针；用线B钩1针短针；用线A钩3针短针；用线B钩2针短针；用线A钩1针短针；用线B钩1针短针；用线A钩6针短针；用线B钩2针短针；用线A钩2针短针；用线B钩1针短针；用线A钩13针短针，[短针2针并1针]重复2次（计作76针）。

第39行：用线A钩[短针2针并1针]重复2次，13针短针；用线B钩1针短针；用线A钩2针短针；用线B钩2针短针；用线A钩5针短针；用线B钩6针短针；用线A钩4针短针；用线B钩1针短针；用线A钩1针短针；用线B钩1针短针；用线A钩5针短针；用线B钩5针短针；用线A钩5针短针；用线B钩2针短针；用线A钩2针短针；用线B钩1针短针；用线A钩12针短针，[短针2针并1针]重复2次（计作72针）。

第40行：用线A钩短针2针并1针，12针短针；用线B钩1针短针；用线A钩4针短针；用线B钩3针短针；用线A钩8针短针；用线B钩2针短针；用线A钩3针短针；用线B钩1针短针；用线A钩1针短针；用线B钩1针短针；用线A钩3针短针；用线B钩2针短针；用线A钩8针短针；用线B钩3针短针；用线A钩4针短针；用线B钩1针短针；用线A钩11针短针，短针2针并1针（计作70针）。

第41行：用线A钩[短针2针并1针]重复2次，8针短针；用线B钩5针短针；用线A钩3针短针；用线B钩2针短针；用线A钩9针短针；用线B钩9针短针；用线A钩9针短针；用线B钩2针短针；用线A钩3针短针；用线B钩5针短针；用线A钩7针短针，[短针2针并1针]重复2次（计作66针）。

第42行：用线A钩短针2针并1针，12针短针；用线B钩2针短针；用线A钩3针短针；用线B钩5针短针；用线A钩6针短针；用线B钩

7针短针；用线 A 钩 6 针短针；用线 B 钩 5 针短针；用线 A 钩 3 针短针；用线 B 钩 2 针短针；用线 A 钩 11 针短针，短针 2 针并 1 针（计作 64 针）。

第43行：用线 A 钩［短针 2 针并 1 针］重复 2 次，10 针短针；用线 B 钩 2 针短针；用线 A 钩 6 针短针；用线 B 钩 1 针短针；［用线 A 钩 9 针短针；用线 B 钩 1 针短针］重复 2 次；用线 A 钩 6 针短针；用线 B 钩 2 针短针；用线 A 钩 9 针短针，［短针 2 针并 1 针］重复 2 次（计作 60 针）。

第44行：用线 A 钩［短针 2 针并 1 针］重复 3 次，7 针短针；用线 B 钩 3 针短针；用线 A 钩 3 针短针；用线 B 钩 2 针短针；用线 A 钩 19 针短针；用线 B 钩 2 针短针；用线 A 钩 3 针短针；用线 B 钩 3 针短针；用线 A 钩 6 针短针，［短针 2 针并 1 针］重复 3 次（计作 54 针）。

第45行：用线 A 钩［短针 2 针并 1 针］重复 2 次，8 针短针；用线 B 钩 2 针短针；用线 A 钩 1 针短针；用线 B 钩 1 针短针；用线 A 钩 2 针短针；用线 B 钩 19 针短针；用线 A 钩 2 针短

针；用线 B 钩 1 针短针；用线 A 钩 1 针短针；用线 B 钩 2 针短针；用线 A 钩 7 针短针，［短针 2 针并 1 针］重复 2 次（计作 50 针）。

第46行：用线 A 钩［短针 2 针并 1 针］重复 3 次，5 针短针；用线 B 钩 3 针短针；用线 A 钩 23 针短针；用线 B 钩 3 针短针；用线 A 钩 4 针短针，［短针 2 针并 1 针］重复 3 次（计作 44 针）。

第47行：用线 A 钩［短针 2 针并 1 针］重复 2 次，7 针短针；用线 B 钩 5 针短针；用线 A 钩 13 针短针；用线 B 钩 5 针短针；用线 A 钩 6 针短针，［短针 2 针并 1 针］重复 2 次（计作 40 针）。

第48行：用线 A 钩短针 2 针并 1 针，11 针短针；用线 B 钩 2 针短针；用线 A 钩 11 针短针；用线 B 钩 2 针短针；用线 A 钩 10 针短针，短针 2 针并 1 针（计作 38 针）。

第49行：用线 A 钩［短针 2 针并 1 针］重复 3 次，8 针短针；用线 B 钩 11 针短针；用线 A 钩 7 针短针，［短针 2 针并 1 针］重复 3 次（计作 32 针）。

第50行：用线 A 钩［短针 2 针并 1 针］重复 3 次，20 针短针，［短针 2 针并 1 针］重复 3 次（计作 26 针）。

第50行：用线 A 钩［短针 2 针并 1 针］重复 3 次，14 针短针，［短针 2 针并 1 针］重复 3 次（计作 20 针）。

第52行：用线 A 钩［短针 2 针并 1 针］重复 3 次，8 针短针，［短针 2 针并 1 针］重复 3 次（计作 14 针）。

第53行：用线 A 钩［短针 2 针并 1 针］重复 2 次，6 针短针，［短针 2 针并 1 针］重复 2 次（计作 10 针）。

第54~79行：用线 A 钩 10 针短针。

火漆蜡封

用线 C，魔术环起针法起针。

第1圈：在魔术环内钩 10 针短针（计作 10 针）。

第2圈：［1 针短针，短针 1 针分 2 针］重复 5 次（计作 15 针）。

第3圈：［2 针短针，短针 1 针分 2 针］重复 5 次（计作 20 针）。

第4圈：［3 针短针，短针 1 针分 2 针］重复 5 次（计作 25 针）。

第5圈：［4 针短针，短针 1 针分 2 针］重复 5 次（计作 30 针）。

第6圈：［5 针短针，短针 1 针分 2 针］重复 5 次（计作 35 针）。

第7圈：［6 针短针，短针 1 针分 2 针］重复 5 次（计作 40 针）。

第8圈：［7 针短针，短针 1 针分 2 针］重复 5 次（计作 45 针）。

第9圈：［8 针短针，短针 1 针分 2 针］重复 5 次（计作 50 针）。

第10圈：只挑后半针钩一圈短针。

用表面引拔针，在正面绣出一个 H 字样。

带子

制作 1 条罗马尼亚绳：将 2 股线 B 合在一起，钩 2 针锁针。

第1行：跳过 1 针，在第 2 针锁针内钩 1 针短针，翻面（计作 1 针）。

第2行：在行末端的水平短横线内钩 1 针短针，翻面。

第3行：在行末端的 2 条水平短横线内钩 1 针短针，翻面。

重复第 3 行至带子长 127cm。

组装

将包体正面相对对折，使包的边缘和翻盖的顶部对齐。在包的两侧同时穿过 2 层钩短针缝合。将带子缝在包两侧顶部缝合处。

将线 A 接在翻盖任意一侧的顶部，均匀地钩一圈短针，使边缘平整美观。

将火漆蜡封缝在包正面靠下位置的中央，只缝合固定火漆蜡封的两侧，使翻盖的舌片可以穿进去。

藏好线尾。

编织图

□ 使用线 A 钩1针短针
■ 使用线 B 钩1针短针
⋀ 使用线 A 钩短针2针并1针

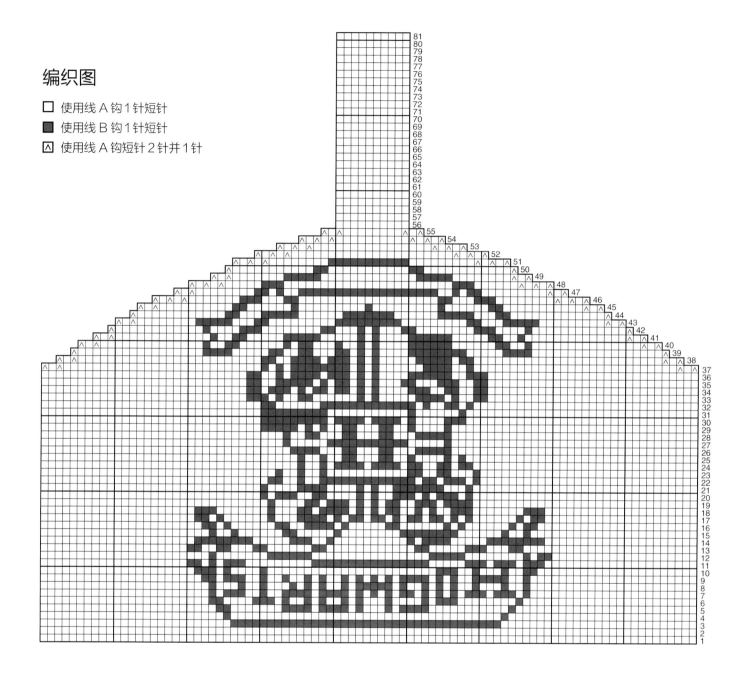

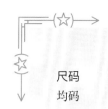

飞艇李靠垫
THE DIRIGIBLE PLUM PILLOW

设计：艾丽莎·利特尔约翰（Alysha Littlejohn）

难度系数 ⚡

飞艇李首次出现在电影《哈利·波特与凤凰社》中，这是一种从扭曲的树上倒挂生长的飘浮水果，卢娜·洛夫古德将它们作为耳环佩戴。在电影《哈利·波特与死亡圣器（上）》中飞艇李再次出现，它们悬挂在洛夫古德家的房屋外面。

洛夫古德一家住在一座古怪的塔楼里，它是个倾斜得非常明显，且上端逐渐变窄的圆柱体。这座房子反映了洛夫古德一家不拘一格的品位，房子里摆满了卢娜自己创作的神奇生物的画作。这些作品的灵感来自卢娜的饰演者伊文娜·林奇（Evanna Lynch）的画作。"伊文娜很有艺术眼光，"布景师斯蒂芬妮·麦克米兰说，"并且有一些很棒的想法。我们最终呈现出别具一格的效果，同时看上去十分温馨。"

这款飞艇李靠垫采用超柔软的雪尼尔线钩编而成，颜色与飞艇李一样鲜艳。每个李子都采用绝妙的立体钩针针法编织，使其从织物背景上凸出来。如果你的李子已经采摘了，就把靠垫正着摆放，如果你的李子还在生长，那么就把靠垫倒过来！

尺码
均码

成品尺寸
边长：40.5cm

毛线
BERNAT Velvet，#5 超粗（100% 腈纶，288m/300g/ 团）
线 A：干枯玫瑰，1 团
线 C：松石绿色，1 团
Go Handmade Bohème Velvet Double，#4 粗（100% 涤纶，50g/70m/ 团）。
线 B：#670 暖橙色，2 团

钩针
• 5.5mm 钩针或达到编织密度所需型号

辅助材料和工具
• 边长 40.5cm 的正方形靠垫内芯
• 缝针

编织密度
• 使用 5.5mm 钩针钩短针 10cm × 10cm=9 针 × 4 行

［注］
• 翻面的 2 针锁针不计入针数。
• 在作品的反面带线。在每针的挂针处更换颜色。

（下转第 136 页）

（上接第 135 页）

特殊针法

泡泡针: [针上绕线，将钩针插入 1 针内，针上绕线，从该针内拉出，针上绕线，从 2 个线圈中拉出] 重复 5 次。现在钩针上有 6 个线圈。针上绕线，从钩针上的 6 个线圈中一次性拉出，钩 1 针锁针固定。

上图：亚当·布罗克班克为电影《哈利·波特与死亡圣器(上)》设计的飞艇李的概念艺术图

前片、后片 (各制作 1 个)

用线 A 钩 36 针锁针。

第 1 行: 跳过 1 针，在第 2~36 针锁针内各钩 1 针短针，翻面 (计作 35 针)。

第 2 行: 1 针锁针，35 针短针，翻面。

第 3 行: 2 针锁针，[3 针长针 (在最后一次针上绕线时换成线 B) 1 针泡泡针 (在最后一次针上绕线时换成线 C)，在之前钩的泡泡针的 2 个部分之间钩短针 4 针并 1 针 (在最后一次针上绕线时换成线 A)] 重复 8 次，剪断线 B 和线 C，钩 3 针长针，翻面 (计作 8 针泡泡针，27 针长针)。

第 4 行: 2 针锁针，钩短针钩完这一行，翻面。

第 5 行: 2 针锁针，5 针长针 (在最后一次针上绕线时换成线 B)，[1 针泡泡针 (在最后一次针上绕线时换成线 C)，在之前钩的泡泡针的 2 个部分之间钩短针 4 针并 1 针 (在最后一次针上绕线时换成线 A)，3 针长针 (在最后一次针上绕线时换成线 B)] 重复 6 次，钩 1 针泡泡针 (在最后一次针上绕线时换成线 C)，在之前钩的泡泡针的 2 个部分之间钩短针 4 针并 1 针 (在最后一次针上绕线时换成线 A)，剪断线 B 和线 C，钩 5 针长针 (计作 7 针泡泡针，28 针长针)。

第 6~21 行: 重复第 2~5 行 4 次。

第 22、23 行: 重复第 2、3 行。

第 24、25 行: 1 针锁针，钩短针钩完这一行，翻面。

打结收尾。藏好线尾。

收尾

将前片、后片反面相对放在一起。钩引拔针将线 A 接到靠垫的任意一个转角，钩 1 针锁针。同时钩 2 片，沿靠垫的三条边均匀地钩短针，在每个转角处钩 3 针短针。放入靠垫芯，然后缝合最后一条边。引拔连接至第 1 针短针上。

打结收尾。藏好线尾。

编织图

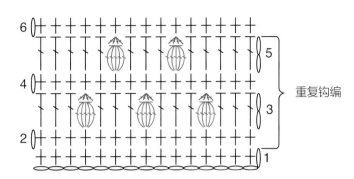

- ◊ 锁针
- ✝ 短针
- ⊤ 长针
- ⑪ 泡泡针
- ⋀ 短针4针并1针

缩略示例

重复钩编

上图：在电影《哈利·波特与死亡圣器（上）》中哈利、罗恩和赫敏在洛夫古德房子的台阶上

狗灵小饰巾
THE GRIM DOILY

设计：罗恩·斯特朗（Rohn Strong）

难度系数 ⚡⚡

对于魔法世界的人来说，狗灵是一种死亡预兆。它会以一只巨大的幽灵狗的形态出现，巫师间传说任何人遇到它都会死亡。在电影《哈利·波特与阿兹卡班的囚徒》中，当哈利参加特里劳妮教授的占卜课时，第一次注意到狗灵。在课堂练习时，学生们用留在茶杯底部的茶叶残渣来预测命运和未来。罗恩在哈利的杯子里看到一个十字架图案和一个太阳图案，他猜测到哈利会受苦，但也会因此而快乐，特里劳妮教授却在茶叶中看到了更险恶的东西——狗灵，这代表着哈利正处于致命的危险之中。

受特里劳妮教授惊人预测的启发，这款狗灵小饰巾是在白色背景上用黑色线钩编而成，看起来就像是哈利茶杯底部的茶叶残渣。在制作小饰巾时，首先逐行进行编织，然后按照简单易懂的编织图编织出生动的狗灵图案，最后用漂亮的扇形边装饰为小饰巾进行收尾。

成品尺寸
直径：42.5cm

毛线
PREMIER YARNS Premier Home Cotton,
（85% 再 生 棉，15% 涤 纶，120m /
75g/ 团）
主色线: #01 白色，2 团
配色线: #16 黑色，1 团

钩针
• 3.25mm 钩针或达到编织密度所需
型号

辅助材料和工具
• 缝针

编织密度
• 使用 3.25mm 钩针钩短针
10cm × 10cm=20 针 × 20 行

[注]
• 小饰巾从下往上一片式钩编。在两
侧加针。从小饰巾顶部减针。
• 按照文字说明进行钩编，或按照编
织图（第 145 页），在正面从右到左钩
编，在反面从左到右钩编。

使用主色线钩33针锁针。

按照编织图或以下文字说明钩编：

第1行 (正面)：跳过1针，在第2~33针锁针内各钩1针短针 (计作32针)。

第2行 (翻面)：1针锁针，翻面，钩短针1针分2针，30针短针，短针1针分2针 (计作34针)。

第3行：重复第2行 (计作36针)。

第4行：重复第2行 (计作38针)。

第5行：重复第2行 (计作40针)。

第6行：重复第2行 (计作42针)。

第7行：重复第2行 (计作44针)。

第8行：1针锁针，翻面，钩短针1针分2针，24针短针；使用配色线钩1针短针；使用主色线钩短针至最后1针，最后1针钩短针1针分2针 (计作46针)。

第9行：1针锁针，使用主色线钩短针1针分2针，19针短针；使用配色线钩1针短针；使用主色线钩短针至最后1针，最后1针钩短针1针分2针 (计作48针)。

第10行：1针锁针，翻面，使用主色线钩短针1针分2针，27针短针；使用配色线钩2针短针；使用主色线钩短针至最后1针，最后1针钩短针1针分2针 (计作50针)。

第11行：1针锁针，翻面，使用主色线钩短针1针分2针，16针短针；[使用配色线钩1针短针；使用主色线钩1针短针]重复2次；使用配色线钩1针短针；使用主色线钩短针至最后1针，最后1针钩短针1针分2针 (计作52针)。

第12行：1针锁针，翻面，使用主色线钩短针1针分2针，30针短针；[使用配色线钩1针短针；使用主色线钩1针短针]重复2次；使用配色线钩1针短针；使用主色线钩短针至最后1针，最后1针钩短针1针分2针 (计作54针)。

第13行：1针锁针，翻面，使用主色线钩短针1针分2针，19针短针；使用配色线钩3针短针；使用主色线钩短针至最后1针，最后1针钩短针1针分2针 (计作56针)。

第14行：1针锁针，翻面，使用主色线钩短针1针分2针，23针短针；使用配色线钩2针短针；使用主色线钩6针短针；使用配色线钩1针短针；使用主色线钩2针短针；使用配色线钩2针短针；使用主色线钩短针至最后1针，最后1针钩短针1针分2针 (计作58针)。

第15行：1针锁针，翻面，使用主色线钩短针1针分2针，25针短针；使用配色线钩1针短针；使用主色线钩3针短针；使用配色线钩1针短针；使用主色线钩8针短针；使用配色线钩1针短针；使用主色线钩短针至最后1针，最后1针钩短针1针分2针 (计作60针)。

第16行：1针锁针，翻面，使用主色线钩短针1针分2针，16针短针；使用配色线钩1针短针；使用主色线钩6针短针；使用配色线钩3针短针；使用主色线钩2针短针；使用配色线钩1针短针；使用主色线钩2针短针；使用配色线钩1针短针；使用主色线钩9针短针；使用配色线钩1针短针；使用主色线钩短针至最后1针，最后1针钩短针1针分2针 (计作62针)。

第17行：1针锁针，翻面，使用主色线钩短针1针分2针，20针短针；使用配色线钩1针短针；使用主色线钩4针短针；使用主色线钩4针短针；使用配色线钩1针短针；使用主色线钩5针短针；使用配色线钩1针短针；使用主色线钩短针至最后1针，最后1针钩短针1针分2针 (计作64针)。

第18行：1针锁针，翻面，使用主色线钩短针1针分2针，22针短针；使用配色线钩2针短针；使用主色线钩10针短针；使用配色线钩2针短针；使用主色线钩1针短针；使用配色线钩1针短针；使用主色线钩1针短针；使用配色线钩2针短针；使用主色线钩短针至最后1针，最后1针钩短针1针分2针 (计作66针)。

第19行：1针锁针，翻面，使用主色线钩短针1针分2针，16针短针；使用配色线钩1针短针；使用主色线钩4针短针；使用配色线钩1针短针；使用主色线钩1针短针；使用配色线钩1针短针；使用主色线钩13针短针；使用配色线钩1针短针；使用主色线钩短针至最后1针，最后1针钩短针1针分2针 (计作68针)。

第20行：1针锁针，翻面，使用主色线钩32针短针；使用配色线钩3针短针；使用主色线钩5针短针；使用配色线钩3针短针；使用主色线钩2针短针；使用配色线钩4针短针；使用主色线钩2针短针；使用配色线钩2针短针；使用主色线钩短针钩完这行。

第21行：1针锁针，翻面，使用主色线钩短针1针分2针，13针短针；使用配色线钩1针短针；使用主色线钩2针短针；使用配色线钩3针短针；使用主色线钩1针短针；使用配色线钩6针短针；使用主色线钩5针短针；使用配色线钩2针短针；使用主色线钩2针短针；使用配色线钩3针短针；使用主色线钩17针短针；使用配色线钩1针短针；使用主色线钩短针至最后1针，最后1针钩短针1针分2针 (计作70针)。

第22行：1针锁针，翻面，使用主色线钩31针短针；使用配色线钩1针短针；使用主色线钩6针短针；使用配色线钩1针短针；使用主色线钩2针短针；使用配色线钩10针短针；使用主色线钩1针短针；使用配色线钩2针短针；使用主色线钩短针钩完这行。

第23行：1针锁针，翻面，使用主色线钩短针1针分2针，13针短针；使用配色线钩1针短针；使用主色线钩1针短针；使用配色线钩1针短针；使用主色线钩2针短针；使用配色线钩10针短针；使用主色线钩6针短针；使用配色线钩2针短针；使用主色线钩短针至最后1针，最后1针钩短针1针分2针 (计作72针)。

第24行：1针锁针，翻面，使用主色线钩22针短针；使用配色线钩1针短针；使用主色线钩6针短针；使用配色线钩1针短针；使用主色线钩4针短针；使用配色线钩3针短针；使用主色线钩1针短针；使用配色线钩13针短针；使用主色线钩1针短针；使用配色线钩1针短针；使用主色线钩2针短针；使用配色线钩1针短针；使用主色线钩短针钩完这行。

第25行：1针锁针，翻面，使用主色线钩短针1针分2针，14针短针；使用配色线钩2针短针；使用主色线钩3针短针；使用配色线钩4针短针；使用主色线钩1针短针；使用配色线钩8针短针；使用主色线钩短针至最后1针，最后1针钩短针1针分2针（计作74针）。

第26行：1针锁针，翻面，使用主色线钩37针短针；使用配色线钩1针短针；使用主色线钩1针短针；使用配色线钩13针短针；［使用主色线钩1针短针；使用配色线钩1针短针］重复2次；使用主色线钩短针钩完这行。

第27行：1针锁针，翻面，使用主色线钩短针1针分2针，14针短针；使用配色线钩20针短针；使用主色线钩短针至最后1针，最后1针钩短针1针分2针（计作76针）。

第28行：1针锁针，翻面，使用主色线钩37针短针；使用配色线钩2针短针；使用主色线钩1针短针；使用配色线钩16针短针；使用主色线钩1针短针；使用配色线钩1针短针；使用主色线钩短针钩完这行。

第29行：1针锁针，翻面，使用主色线钩16针短针；使用配色线钩26针短针；使用主色线钩4针短针；使用配色线钩2针短针；使用主色线钩15针短针；使用配色线钩1针短针；使用主色线钩短针钩完这行。

第30行：1针锁针，翻面，使用主色线钩11针短针；使用配色线钩2针短针；使用主色线钩24针短针；使用配色线钩22针短针；使用主色线钩2针短针；使用配色线钩1针短针；使用主色线钩短针钩完这行。

第31行：1针锁针，翻面，使用主色线钩15针短针；使用配色线钩1针短针；使用主色线钩2针短针；使用配色线钩22针短针；使用主色线钩短针钩完这行。

第32行：1针锁针，翻面，使用主色线钩27针短针；使用配色线钩1针短针；使用主色线钩7针短针；使用配色线钩15针短针；使用主色线钩1针短针；使用配色线钩11针短针；使用主色线钩短针钩完这行。

第33行：1针锁针，翻面，使用主色线钩15针短针；使用配色线钩8针短针；使用主色线钩2针短针；使用配色线钩17针短针；使用主色线钩8针短针；使用配色线钩3针短针，使用主色线钩短针钩完这行。

第34行：1针锁针，翻面，使用主色线钩24针短针；使用配色线钩4针短针；使用主色线钩3针短针；使用配色线钩20针短针；使用主色线钩3针短针；使用配色线钩5针短针，使用主色线钩1针短针；使用配色线钩1针短针；使用主色线钩1针短针；使用配色线钩2针短针；使用主色线钩1针短针；使用配色线钩1针短针；使用主色线钩短针钩完这行。

第35行：1针锁针，翻面，使用主色线钩14针短针；使用配色线钩1针短针；使用主色线钩2针短针；使用配色线钩4针短针；使用主色线钩3针短针；使用配色线钩27针短针，使用主色线钩7针短针；使用配色线钩1针短针；使用主色线钩短针钩完这行。

第36行：1针锁针，翻面，使用主色线钩11针短针；使用配色线钩1针短针；使用主色线钩9针短针；使用配色线钩3针短针；使用主色线钩3针短针；使用配色线钩26针短针，使用主色线钩3针短针；使用配色线钩2针短针；使用主色线钩1针短针；使用配色线钩2针短针；使用主色线钩1针短针；使用配色线钩3针短针；使用主色线钩短针钩完这行。

第37行：1针锁针，翻面，使用主色线钩10针短针；使用配色线钩1针短针；使用主色线钩1针短针；使用配色线钩8针短针；使用主色线钩2针短针；使用配色线钩26针短针，使用主色线钩3针短针；使用配色线钩5针短针；使用主色线钩短针钩完这行。

第38行：1针锁针，翻面，使用主色线钩20针短针；使用配色线钩6针短针；使用主色线钩2针短针；使用配色线钩27针短针；使用主色线钩2针短针；使用配色线钩5针短针，使用主色线钩2针短针；使用配色线钩1针短针；使用主色线钩短针钩完这行。

第39行：1针锁针，翻面，使用主色线钩8针短针；使用配色线钩1针短针；使用主色线钩3针短针；使用配色线钩5针短针；使用主色线钩4针短针；使用配色线钩2针短针；使用主色线钩1针短针；使用配色线钩31针短针；使用主色线钩短针钩完这行。

第40行：1针锁针，翻面，使用主色线钩22针短针；使用配色线钩28针短针；［使用主色线钩1针短针；使用配色线钩1针短针］重复2次；使用主色线钩4针短针；使用配色线钩1针短针；使用主色线钩2针短针；使用配色线钩3针短针；使用主色线钩短针钩完这行。

第41行：1针锁针，翻面，使用主色线钩12针短针；使用配色线钩3针短针；使用主色线钩6针短针；使用配色线钩1针短针；使用主色线钩1针短针；使用配色线钩30针短针；使用主色线钩1针短针；使用配色线钩1针短针；使用主色线钩短针钩完这行。

第42行：1针锁针，翻面，使用主色线钩9针短针；使用配色线钩1针短针；使用主色线钩7针短针；使用配色线钩1针短针；使用主色线钩5针短针；使用配色线钩22针短针；使用主色线钩1针短针；使用配色线钩4针短针；使用主色线钩2针短针；使用配色线钩1针短针；使用主色线钩2针短针；使用配色线钩1针短针；使用主色线钩2针短针；使用配色线钩2针短针；使用主色线钩1针短针；使用配色线钩4针短针；使用主色线钩1针短针；使用配色线钩1针短针；使用主色线钩3针短针；使用配色线钩1针短针；使用主色线钩短针钩完这行。

第43行：1针锁针，翻面，使用主色线钩10针短针；使用配色线钩2针短针；使用主色线钩1针短针；使用配色线钩3针短针；使用主色线钩9针短针；使用配色线钩1针短针；使用主色线钩1针短针；使用配色线钩2针短针；使用主色线钩7针短针；使用配色线钩16针短针；使用主色线钩7针短针；使用配色线钩1针短针；使用主色线钩9针短针；使用配色线钩1针短针；使用主色线钩短针钩完这行。

第44行：1针锁针，翻面，使用主色线钩25针短针；使用配色线钩15针短针；使用主色线钩12针短针；使用配色线钩1针短针；使用主色线钩3针短针；使用配色线钩1针短针；[使用主色线钩1针短针；使用配色线钩1针短针]重复2次；使用主色线钩2针短针；使用配色线钩1针短针；使用主色线钩5针短针；使用配色线钩1针短针；使用主色线钩短针钩完这行。

第45行：1针锁针，翻面，使用主色线钩10针短针；使用配色线钩1针短针；使用主色线钩3针短针；使用配色线钩2针短针；使用主色线钩1针短针；使用配色线钩1针短针；使用主色线钩2针短针；使用配色线钩1针短针；使用主色线钩4针短针；使用配色线钩1针短针；使用主色线钩12针短针；使用配色线钩14针短针；使用主色线钩10针短针；使用配色线钩1针短针；使用主色线钩短针钩完这行。

第46行：1针锁针，翻面，使用主色线钩24针短针；使用配色线钩15针短针；使用主色线钩23针短针；使用配色线钩1针短针；使用主色线钩1针短针；使用配色线钩1针短针；使用主色线钩短针钩完这行。

第47行：1针锁针，翻面，使用主色线钩11针短针；使用配色线钩1针短针；使用主色线钩3针短针；使用配色线钩1针短针；使用主色线钩5针短针；使用配色线钩1针短针；使用主色线钩针13针短针；[使用配色线钩1针短针；使用主色线钩1针短针]重复2次；使用配色线钩6针短

针；使用主色线钩1针短针；使用配色线钩5针短针；使用主色线钩1针短针；使用配色线钩1针短针；使用主色线钩7针短针；使用配色线钩1针短针；使用主色线钩短针钩完这行。

第48行：1针锁针，翻面，使用主色线钩25针短针；使用配色线钩3针短针；使用主色线钩3针短针；使用配色线钩5针短针；使用主色线钩8针短针；使用配色线钩1针短针；使用主色线钩短针钩完这行。

第49行：1针锁针，翻面，使用主色线钩11针短针；使用配色线钩1针短针；使用主色线钩2针短针；使用配色线钩1针短针；使用主色线钩2针短针；使用配色线钩1针短针；使用主色线钩7针短针；使用配色线钩1针短针；使用主色线钩15针短针；使用配色线钩3针短针；使用主色线钩4针短针；使用配色线钩3针短针；使用主色线钩短针钩完这行。

第50行：1针锁针，翻面，使用主色线钩15针短针；使用配色线钩2针短针；使用主色线钩9针短针；使用配色线钩3针短针；使用主色线钩3针短针；使用配色线钩3针短针；使用主色线钩短针钩完这行。

第51行：1针锁针，翻面，使用主色线钩11针短针；使用配色线钩1针短针；使用主色线钩5针短针；使用配色线钩1针短针；使用主色线钩7针短针；使用配色线钩1针短针；使用主色线钩16针短针；使用配色线钩2针短针；使用主色线钩4针短针；使用配色线钩4针短针；使用主色线钩8针短针；使用配色线钩1针短针；使用主色线钩短针钩完这行。

第52行：1针锁针，翻面，使用主色线钩19针短针；使用配色线钩1针短针；使用主色线钩4针短针；使用配色线钩3针短针；使用主色线钩4针短针；使用配色线钩1针短针；使用主色线钩1针短针；使用配色线钩1针短针；使用主色线钩短针钩完这行。

第53行：1针锁针，翻面，使用主色线钩11针短针；使用配色线钩1针短针；使用主色线钩28针短针；使

用配色线钩1针短针；使用主色线钩1针短针；使用配色线钩1针短针；使用主色线钩2针短针；使用配色线钩1针短针；使用主色线钩5针短针；使用配色线钩4针短针；使用主色线钩短针钩完这行。

第54行：1针锁针，翻面，使用主色线钩14针短针；使用配色线钩5针短针；使用主色线钩3针短针；使用配色线钩2针短针；使用主色线钩9针短针；使用配色线钩1针短针；使用主色线钩1针短针；使用配色线钩1针短针；使用主色线钩13针短针；使用配色线钩1针短针；使用主色线钩12针短针；使用配色线钩1针短针；使用主色线钩短针钩完这行。

第55行：1针锁针，翻面，使用主色线钩40针短针；使用配色线钩1针短针；使用主色线钩6针短针；使用配色线钩1针短针；使用主色线钩3针短针；使用配色线钩3针短针；使用主色线钩2针短针；使用配色线钩1针短针；使用主色线钩3针短针；使用配色线钩3针短针；[使用主色线钩1针短针；使用配色线钩1针短针]重复3次；使用主色线钩短针钩完这行。

第56行：1针锁针，翻面，使用主色线钩8针短针；使用配色线钩1针短针；使用主色线钩2针短针；使用配色线钩1针短针；使用主色线钩11针短针；使用配色线钩2针短针；使用主色线钩3针短针；使用配色线钩3针短针；使用主色线钩7针短针；使用配色线钩1针短针；使用主色线钩短针钩完这行。

第57行：1针锁针，翻面，使用主色线钩短针2针并1针，9针短针；使用配色线钩1针短针；使用主色线钩32针短针；使用配色线钩3针短针；使用主色线钩1针短针；使用配色线钩1针短针；使用主色线钩17针短针；使用配色线钩1针短针；使用主色线钩1针短针；使用配色线钩1针短针；使用主色线钩短针钩完这行（计作74针）。

第58行：1针锁针，翻面，使用主色

（下转第144页）

魔法背后

在电影《哈利·波特与阿兹卡班的囚徒》中，小天狼星西里斯·布莱克在变身为他的阿尼马格斯形态——一只大黑狗时，被罗恩误认为是狗灵。虽然西里斯的阿尼马格斯形态是电脑合成的，但导演找来一只名叫费恩（Fern）的真狗作为该形象的参考。费恩有着尖尖的耳朵，会穿越坡道障碍和表演特技，它让这只虚拟大狗看起来如同真的一样。

上图：电影《哈利·波特与阿兹卡班的囚徒》的道具参考镜头，展示了在占卜场景中使用的茶杯，狗灵出现在哈利的杯子里

（上接第 142 页）

线钩 24 针短针；使用配色线钩 1 针短针；使用主色线钩 3 针短针；使用配色线钩 1 针短针；使用主色线钩 1 针短针；使用配色线钩 1 针短针；使用主色线钩短针钩完这行。

第 59 行：1 针锁针，翻面，使用主色线钩短针 2 针并 1 针，9 针短针；使用配色线钩 1 针短针；使用主色线钩 12 针短针；使用配色线钩 1 针短针；使用主色线钩 17 针短针；使用配色线钩 2 针短针；使用主色线钩 3 针短针；使用配色线钩 1 针短针；使用主色线钩 1 针短针；使用配色线钩 1 针短针；使用主色线钩短针至最后 2 针，钩短针 2 针并 1 针（计作 72 针）。

第 60 行：1 针锁针，翻面，使用主色线钩 22 针短针；使用配色线钩 2 针短针；使用主色线钩 3 针短针；使用配色线钩 1 针短针；使用主色线钩 10 针短针；使用配色线钩 1 针短针；使用主色线钩 8 针短针；使用配色线钩 1 针短针；使用主色线钩 11 针短针；使用配色线钩 1 针短针；使用主色线钩短针钩完这行。

第 61 行：1 针锁针，翻面，使用主色线钩短针 2 针并 1 针，钩 26 针短针；使用配色线钩 1 针短针；使用主色线钩 2 针短针；使用配色线钩 1 针短针；使用主色线钩 2 针短针；使用配色线钩 1 针短针；使用主色线钩短针至最后 2 针，钩短针 2 针并 1 针（计作 70 针）。

第 62 行：1 针锁针，翻面，使用主色线钩 20 针短针；使用配色线钩 1 针短针；使用主色线钩 25 针短针；使用配色线钩 1 针短针；使用主色线钩 11 针短针；使用配色线钩 1 针短针；使用主色线钩短针钩完这行。

第 63 行：1 针锁针，翻面，使用主色线钩短针 2 针并 1 针，钩 10 针短针；使用配色线钩 1 针短针；使用主色线钩 35 针短针；使用配色线钩 1 针短针；使用主色线钩短针至最后 2 针，钩短针 2 针并 1 针（计作 68 针）。

第 64 行：1 针锁针，翻面，使用主色

线钩 20 针短针；使用配色线钩 1 针短针；使用主色线钩 12 针短针；使用配色线钩 1 针短针；使用主色线钩 17 针短针；使用配色线钩 1 针短针；使用主色线钩短针钩完这行。

第 65 行：1 针锁针，翻面，使用主色线钩短针 2 针并 1 针，钩 22 针短针；使用配色线钩 1 针短针；使用主色线钩短针至最后 2 针，钩短针 2 针并 1 针（计作 66 针）。

第 66 行：1 针锁针，翻面，使用主色线钩 6 针短针；使用配色线钩 2 针短针；使用主色线钩 17 针短针；使用配色线钩 1 针短针；使用主色线钩 15 针短针；使用配色线钩 1 针短针；使用主色线钩 8 针短针；使用配色线钩 1 针短针；使用主色线钩 2 针短针；使用配色线钩 1 针短针；使用主色线钩短针钩完这行。

第 67 行：1 针锁针，翻面，使用主色线钩短针 2 针并 1 针，钩 20 针短针；使用配色线钩 1 针短针；使用主色线钩 14 针短针；使用配色线钩 1 针短针；使用主色线钩 17 针短针；使用配色线钩 3 针短针；使用主色线钩短针至最后 2 针，钩短针 2 针并 1 针（计作 64 针）。

第 68 行：1 针锁针，翻面，使用主色线钩短针 2 针并 1 针，钩 5 针短针；使用配色线钩 1 针短针；使用主色线钩 9 针短针；使用配色线钩 1 针短针；使用配色线钩 1 针短针；使用配色线钩 7 针短针；使用主色线钩 24 针短针；使用配色线钩 1 针短针；使用主色线钩短针至最后 2 针，钩短针 2 针并 1 针（计作 62 针）。

第 69 行：1 针锁针，翻面，使用主色线钩短针 2 针并 1 针，钩 10 针短针；使用配色线钩 1 针短针；使用主色线钩 20 针短针；使用配色线钩 2 针短针；使用主色线钩 1 针短针；使用配色线钩 3 针短针；使用主色线钩 1 针短针；使用配色线钩 2 针短针；使用主色线钩 1 针短针；使用配色线钩 1 针短针；使用主色线钩短针至最后 2 针，钩短针 2 针并 1 针（计作 60 针）。

第 70 行：1 针锁针，翻面，使用主色线钩短针 2 针并 1 针，钩 11 针短针；

使用配色线钩 4 针短针；使用主色线钩 5 针短针；使用配色线钩 6 针短针；使用主色线钩短针至最后 2 针，钩短针 2 针并 1 针（计作 58 针）。

第 71 行：1 针锁针，翻面，使用主色线钩短针 2 针并 1 针，钩 25 针短针；使用配色线钩 5 针短针；使用主色线钩 2 针短针；使用配色线钩 2 针短针；使用主色线钩 2 针短针；使用配色线钩 1 针短针；使用主色线钩 5 针短针；使用配色线钩 1 针短针；使用主色线钩短针至最后 2 针，钩短针 2 针并 1 针（计作 56 针）。

第 72 行：1 针锁针，翻面，使用主色线钩短针 2 针并 1 针，钩 15 针短针；使用配色线钩 1 针短针；使用主色线钩 4 针短针；使用配色线钩 5 针短针；使用主色线钩短针至最后 2 针，钩短针 2 针并 1 针（计作 54 针）。

第 73 行：1 针锁针，翻面，使用主色线钩短针 2 针并 1 针，钩 23 针短针；［使用配色线钩 1 针短针；使用主色线钩 1 针短针］重复 2 次；使用配色线钩 1 针短针；使用主色线钩短针至最后 2 针，钩短针 2 针并 1 针（计作 52 针）。

第 74 行：1 针锁针，翻面，使用主色线钩短针 2 针并 1 针，钩 18 针短针；使用配色线钩 1 针短针；使用主色线钩短针至最后 2 针，钩短针 2 针并 1 针（计作 50 针）。

第 75~83 行：1 针锁针，翻面，使用主色线钩短针 2 针并 1 针，钩短针至最后 2 针，钩短针 2 针并 1 针（每行减 2 针）；至第 83 行结束时计作 32 针。

边缘

第 1 圈：沿着小饰巾一圈均匀地钩 222 针短针。

第 2 圈：3 针锁针（计作 1 针长针），在同一针位置钩长针 1 针分 4 针，［跳过 2 针，钩 1 针短针，跳过 2 针，钩长针 1 针分 5 针］重复至钩完 1 圈，以 1 针短针结束，引拔连接至 3 针锁针的上方。

打结收尾。

收尾

藏线尾。蒸汽熨烫轻微定型。

编织图

□ 使用主色线钩1针短针

■ 使用配色线钩1针短针

Ⅴ 使用主色线钩短针1针分2针

Λ 使用主色线钩短针2针并1针

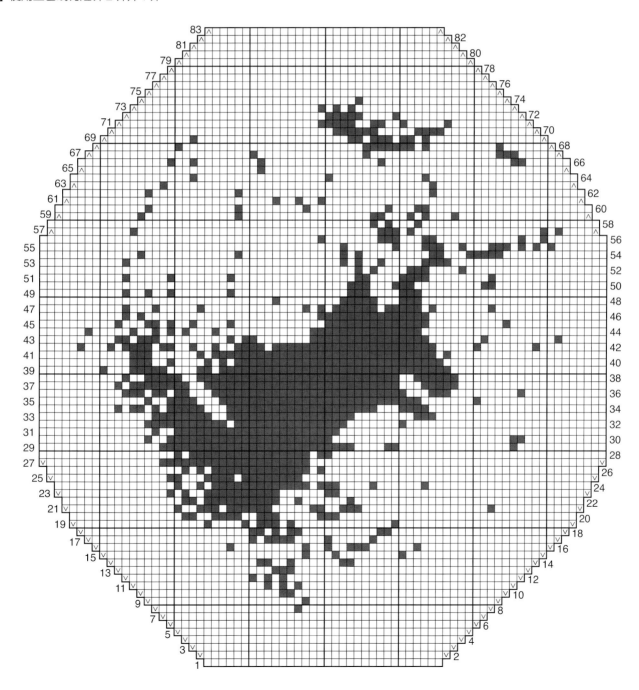

霍格沃茨徽章毯子
HOGWARTS CREST BLANKET

设计：文森特·威廉姆斯（Vincent Williams）

难度系数 ⚡⚡

霍格沃茨城堡是一个既神奇又充满吸引力的地方，移动的楼梯、迷人的画作，甚至还有鬼魂，这座城堡似乎有自己的生命。自学校由四位伟大的巫师开办以来，它一直在不断发展。霍格沃茨在电影中的重要场景之一是大礼堂。"我们在大礼堂的多处设置了火光，"导演克里斯·哥伦布说，"因为我们需要把它打造成为一个神奇、温暖且充满爱意的地方。"为了铭记创始人，礼堂的一侧放置了一个巨大壁炉，上面雕刻着标志性的霍格沃茨校徽，墙壁上还有四个学院代表动物的雕像，上面悬挂着火盆。

作为"哈迷"必备的家居饰品，这款神奇、温暖的毯子使用了每个霍格沃茨魔法学院的代表色——斯莱特林学院为绿色，格兰芬多学院为红色，赫奇帕奇学院为黄色，拉文克劳学院则为蓝色。毯子的中间是霍格沃茨校徽的图案，上面有代表这四个学院的动物。整个作品使用短针钩编，按照详细的编织图编织出这条温暖而迷人的毯子吧。

尺码
均码

成品尺寸
宽度： 137cm
长度： 203cm

毛线
CASCADE YARNS 220 Superwash Aran，#4 粗（100% 超耐水洗美丽奴羊毛，137.5m/100g/ 团）。每个学院图案使用 A~H 各 3 团
格兰芬多： #809 正红色（G）和 #241 向日葵（H）
赫奇帕奇： #815 黑色（C）和 #821 黄水仙（D）
拉文克劳： #813 蓝丝绒（A）和 #875 羽毛灰（B）
斯莱特林： #801 军绿色（E）和 #900 木炭灰（F）
纹章边框： #817 本白色（I），1 团
纹章大乌鸦和卷形饰物： #200 拿铁色（J），1 团

钩针
• 5.5mm 钩针或达到编织密度所需型号

辅助材料和工具
• 缝针
• 记号扣

编织密度
• 使用 5.5mm 钩针钩短针
10cm × 10cm=13 针 × 15 行
编织密度对于这个作品而言并不重要，但是所用毛线的重量和钩针型号会影响成品尺寸。

（下转第 148 页）

（上接第147页）

[注]

• 毛毯从下向上一体式片钩。

• 使用线轴（或与线轴同功能的单个线团）进行嵌花配色钩编。

• 为弄清钩到编织图边缘的哪行，完成第1针时，摘掉原标记的记号扣，将其放在新钩的这一针上。

• 钩编时包住线头，让收尾更加干净无痕。

毛毯

使用线 A、线 B 和线 C：

第1行（正面）：短针起针法起针，［使用线 A 起 15 针短针；使用线 B 起 15 针短针］重复 3 次，使用线 C 起 90 针短针，翻面（计作 180 针）。

第2行（翻面）：使用线 C 钩 1 针锁针，90 针短针，［使用线 B 钩 15 针短针；使用线 A 钩 15 针短针］重复 3 次，翻面。

第3行：［使用线 A 钩 1 针锁针，15 针短针；使用线 B 钩 15 针短针］重复 3 次，使用线 C 钩 90 针短针，翻面。

第4~15行：重复第 2、3 行。

使用线 A、线 B 和线 D：

第16行（反面）：使用线 D 钩 1 针锁针，90 针短针，［使用线 A 钩 15 针短针；使用线 B 钩 15 针短针］重复 3 次，翻面。

第17行（正面）：使用线 B 钩 1 针锁针，［使用线 B 钩 15 针短针；使用线 A 钩 15 针短针］重复 3 次，使用线 D 钩 90 针短针，翻面。

第18~30行：重复第 16、17 行。

第31~90行：按照编织图钩短针，重复第 1~30 行。

第91~105行：按照编织图钩短针，重复第 1~15 行。

在从毛毯左右边缘向中间计算的第 46 针放置记号扣；标记第 46 针和第 135 针。

第106行：使用线 D 钩 1 针锁针，钩 45 针短针；按照编织图继续钩编；使用线 B 钩 15 针短针；使用线 A 钩 15 针短针，使用线 B 钩 15 针短针，翻面。

第107行：使用线 B 钩 1 针锁针，15 针短针；使用线 A 钩 15 针短针；使用线 B 钩 15 针短针；按照编织图继续钩编；使用线 D，钩 45 针短针，翻面。

第108~119行：重复第 106、107 行。

第120行：重复第 106 行。

使用颜色线 A、线 B 和线 C：

第121行：使用线 A 钩 1 针锁针，15 针短针；使用线 B 钩 15 针短针；使用线 A 钩 15 针短针；按照编织图继续钩编；使用线 C 钩 45 针短针，翻面。

第122行：使用线 C 钩 1 针锁针，45 针短针；按照编织图继续钩编；使用线 A 钩 15 针短针；使用线 B 钩 15 针短针；使用线 C 钩 45 针短针，翻面。

第123~134行：重复第 121、122 行。

第135行：重复第 121 行。

使用线 A、线 B 和线 D：

第136行：使用线 D，钩 1 针锁针，45 针短针；按照编织图继续钩编；使用线 B 钩 15 针短针；使用线 A 钩 15 针短针；使用线 B 钩线短针，翻面。

第137行：使用线 B 钩 1 针锁针，15 针短针；使用线 A 钩 15 针短针；使用线 B 钩 15 针短针；按照编织图继续钩编；使用线 D 钩 45 针短针，翻面。

第138~149行：重复第 136、137 行。

第150行：重复第 136 行。

使用线 F、线 G 和线 H：

第151行：使用线 F，钩 45 针短针；按照编织图继续钩编；使用线 G 钩 15 针短针；使用线 H 钩 15 针短针；使用线 G 钩 15 针短针，翻面。

第152行：使用线 G 钩 1 针锁针，15 针短针；使用线 H 钩 15 针短针；使用线 G 钩 15 针短针；按照编织图继续钩编；使用线 F 钩 45 针短针，翻面。

第153~164行：重复第 151、152 行。

第165行：重复第 151 行。

使用线 E、线 G 和线 H：

第166行：使用线 H 钩 1 针锁针，15 针短针；使用线 G 钩 15 针短针；使用线 H 钩 15 针短针；按照编织图继续钩编；使用线 E 钩 45 针短针，翻面。

第167行：使用线 E 钩 45 针短针；按照编织图继续钩编；使用线 H 钩 15 针短针；使用线 G 钩 15 针短针；使用线 H 钩 15 针短针，翻面。

第168~179行：重复第 166、167 行。

第180行：重复第 166 行。

使用线 F、线 G 和线 H：

第181行：使用线 F 钩 1 针锁针，45 针短针；按照编织图继续钩编；使用线 G 钩 15 针短针；使用线 H 钩 15 针短针；使用线 G 钩 15 针短针，翻面。

第182行：使用线 G 钩 1 针锁针，15 针短针；使用线 H 钩 15 针短针；使用线 G 钩 15 针短针；按照编织图继续钩编；使用线 F 钩 45 针短针，翻面。

摘掉记号扣。

第183行：使用线 F 钩 1 针锁针，90 针短针，［使用线 H 钩 15 针短针；使用线 G 钩 15 针短针］重复 3 次，翻面。

第184行：使用线 G 钩 1 针锁针，［使用线 G 钩 15 针短针；使用线 H 钩 15 针短针］重复 3 次，使用线 F，钩 90 针短针，翻面。

第185~194行：重复第 183、184 行。

第195行：重复第 183 行。

使用线 E、线 G 和线 H：

第196行：使用线 H 钩 1 针锁针，［使用线 H 钩 15 针短针；使用线 G 钩 15 针短针］重复 3 次，使用线 E 钩 90 针短针，翻面。

第197行：使用线 E 钩 1 针锁针，90 针短针，［使用线 G 钩 15 针短针；使用线 H 钩 15 针短针］重复 3 次，翻面。

第198~209行：重复第 196、197 行。

第210行：重复第 196 行。

使用线 F、线 G 和线 H：

第 211 行：使用线 F 钩 1 针 锁针，90 针短针，［使用线 H 钩 15 针短针；使用线 G 钩 15 针短针］重复 3 次，翻面。

第 212 行：使用线 G 钩 1 针锁针，［使用线 G 钩 15 针短针；使用线 H 钩 15 针短针］重复 3 次，使用线 F 钩 90 针短针，翻面。

第 213~224 行：重复第 211、212 行。

第 225 行：重复第 211 行。

第 226~285 行：重复第 196~225 行。

第 286~300 行：重复第 196~210 行。

收尾

藏好线尾。按尺寸蒸汽熨烫或者湿定型。

"好吧。我想大家都知道……
霍格沃茨是在一千多年前由当时最伟大的四位巫师跟女巫创办的。
戈德里克·格兰芬多，赫尔加·赫奇帕奇，
罗伊纳·拉文克劳，以及萨拉查·斯莱特林。"

麦格教授　电影《哈利·波特与密室》

编织图

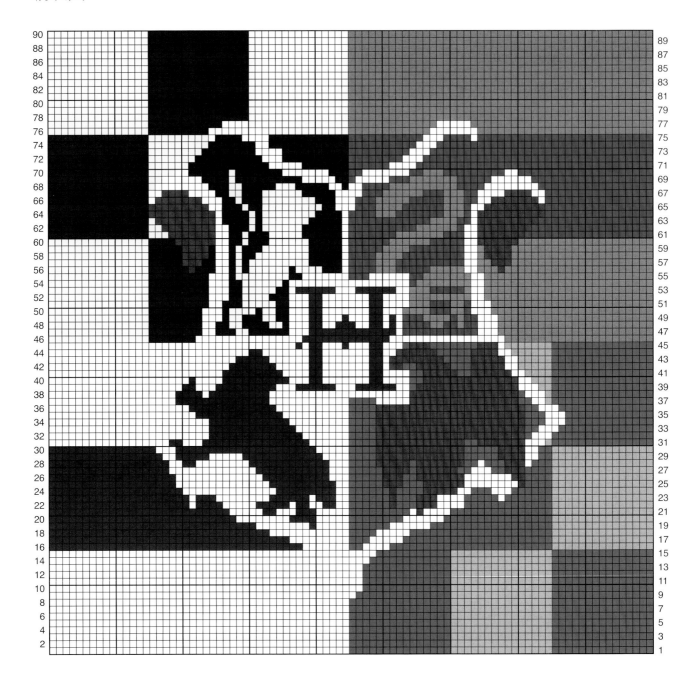

 使用线 A 钩1针短针　□ 使用线 D 钩1针短针　■ 使用线 G 钩1针短针　■ 使用线 J 钩1针短针

□ 使用线 B 钩1针短针　■ 使用线 E 钩1针短针　□ 使用线 H 钩1针短针

■ 使用线 C 钩1针短针　■ 使用线 F 钩1针短针　□ 使用线 I 钩1针短针

魔药坩埚
POTIONS CAULDRON

设计：阿米娜塔·恩迪亚耶（Aminata Ndiaye）

难度系数 ⚡⚡

魔 药课是霍格沃茨的一门核心课程，在这门课上，学生们要学习如何正确地配制魔药。魔药一般会在一个巨大的坩埚里制作，所以每个学生都会带着他们自己的魔药课用具（学校用品清单的一部分）来上课。他们需要按照特定的配方并使用各种神奇的配料来制作魔药，从适合初学者的魔药开始，随着所学知识的增长，逐渐转向配制更高级的魔药。

随着电影情节的发展，斯内普教授的魔药课教室越来越宽敞，规模也越来越大。最初是在拉科克修道院的圣器收藏室拍摄的，那里也为霍格沃茨的其他几个场景提供了拍摄。后来，魔药课的教室被搬到位于利维斯登的摄影棚。当斯拉格霍恩教授在电影《哈利·波特与混血王子》中接任六年级的魔药课老师时，"布景又在大小和形状上发生了变化，"艺术总监海蒂·斯托里（Hattie Storey）说，"但我们采取了类似的方法。"她的团队为学生们带来了新的坩埚，以完成活地狱汤剂的作业，并为小瓶的福灵剂制作了一个带有小钳子的特殊微型坩埚。

这个作品包括三个分别装有三种不同颜色药水的坩埚，这些像篮子一样的坩埚以简单的方式加针，使身体更加牢固；从底部向上编织，然后在顶部按照特定的药水颜色编织出来。三种不同的颜色分别代表电影中的三种著名药水，粉红色是迷情剂，绿色是复方汤剂，金色是福灵剂。

尺码
均码

成品尺寸
迷情剂坩埚
底座直径： 25.5cm
高度： 25cm

福灵剂坩埚
底座直径： 25.5cm
高度： 26.5cm

复方汤剂坩埚
底座直径： 25.5cm
高度： 29cm

毛线
CASCADE YARNS 220 Superwash Aran, #4粗（100% 超耐水洗美丽奴羊毛，137.5m/100g/团）。
主色线： #815 黑色，每个篮子4团
CASCADE 220 中粗，#4（100% 秘鲁高原羊毛，200m/100g/团）。
复方汤剂盖子（配色线）： #801 军绿色，1团
福灵剂盖子（配色线）： #7826 花菱草（琥珀色），1团
迷情剂盖子（配色线）： #7804 虾粉色，1团

钩针
• 5mm 钩针或达到编织密度所需型号

辅助材料和工具
• 记号扣
• 缝针

（下转第154页）

（上接第153页）

编织密度

· 钩短针，10cm×10cm=16针×16行
  编织密度对这个作品而言并不重要，
  但是所用毛线的重量和钩针型号会
  影响成品尺寸。

[注]

· 先钩底部，再钩身体。环状钩编有
  褶皱的盖子。将盖子连接到身体的
  顶部，将提手缝合到身体的两侧。

特殊针法

只挑后半针钩短针： 在该针的后半个
  线圈内钩1针短针。

中长针只挑后线钩短针： 在中长针的
  后面的横线上钩短针。

只挑前半针钩短针： 在该针的前半个
  线圈内钩1针短针。

爆米花针： 在同一针内钩3针长针，将
  钩针从最后1针长针上移出，插入3
  针长针中的第1针长针，用钩针钩
  住之前掉落的长针，从第1针长针中
  拉出。

迷情剂坩埚

底部

第1圈： 魔术环起针法钩6针短针，引
  拔连接至第1针短针，放置记号扣标
  记一圈开始处（计作6针）。

[注] 从第2圈开始，连续环形钩编，
  不做引拔。

第2圈： 1针锁针（这1针和之后的锁
  针均不计针数），[短针1针分2针]
  重复6次（计作12针）。

第3圈： [1针短针，短针1针分2针]
  重复6次（计作18针）。

第4圈： 1针短针，短针1针分2针，
  [2针短针，短针1针分2针]重复5
  次，1针短针（计作24针）。

第5圈： [3针短针，短针1针分2针]
  重复6次（计作30针）。

第6圈： 2针短针，短针1针分2针，
  [4针短针，短针1针分2针]重复5
  次，2针短针（计作36针）。

第7圈： [5针短针，短针1针分2针]
  重复6次（计作42针）。

第8圈： 3针短针，短针1针分2针，
  [6针短针，短针1针分2针]重复5
  次，3针短针（计作48针）。

第9圈： [7针短针，短针1针分2针]
  重复6次（计作54针）。

第10圈： 4针短针，短针1针分2针，

[8针短针，短针1针分2针]重复5
次，4针短针（计作60针）。

第11圈： [9针短针，短针1针分2针]
  重复6次（计作66针）。

第12圈： 5针短针，短针1针分2针，
  [10针短针，短针1针分2针]重复
  5次，5针短针（计作72针）。

第13圈： [11针短针，短针1针分2针]
  重复6次（计作78针）。

第14圈： 6针短针，短针1针分2针，
  [12针短针，短针1针分2针]重复
  5次，6针短针（计作84针）。

第15圈： [13针短针，短针1针分2针]
  重复6次（计作90针）。

第16圈： 7针短针，短针1针分2针，
  [14针短针，短针1针分2针]重复
  5次，7针短针（计作96针）。

第17圈： [15针短针，短针1针分2针]
  重复6次（计作102针）。

第18圈： 8针短针，短针1针分2针，
  [16针短针，短针1针分2针]重复
  5次，8针短针（计作108针）。

第19圈： [17针短针，短针1针分2针]
  重复6次（计作114针）。

第20圈： 9针短针，短针1针分2针，
  [18针短针，短针1针分2针]重复
  5次，9针短针（计作120针）。

不要打结收尾；继续钩编身体。

右图：在电影《哈利·波特
与密室》中，赫敏·格兰杰
在女盥洗室的坩埚里熬制
复方汤剂

身体

[注]继续环形钩编,不做引拔。

第1~24圈:钩120针短针。

第25圈:只挑后半针钩120针短针。

第26、27圈:120针短针。

第28圈:重复第25圈。

第29圈:120针短针。

第30圈:重复第25圈。

第31圈(减针圈):[18针短针,短针2针并1针]重复6次(计作114针)。

第32圈(减针圈):[17针短针,短针2针并1针]重复6次(计作108针)。

第33圈(减针圈):[16针短针,短针2针并1针]重复6次(计作102针)。

第34~37圈:102针短针。

第38圈:摘掉记号扣,在标记针和之后的2针内各钩1针引拔针(共3针引拔针),钩1针锁针,在每1针和一圈起始处的3针引拔针内各只挑前半针钩1针短针,引拔连接至第1针短针,钩1针锁针,翻面(计作102针)。

第39圈(加针圈):[16针短针,短针1针分2针]重复6次,引拔连接至第1针短针(计作108针)。

打结收尾。

盖子

第1圈:使用配色线,魔术环起针法钩6针短针(计作6针)。

第2圈:[短针1针分2针]重复6次(计作12针)。

第3圈:[1针短针,短针1针分2针]重复6次(计作18针)。

第4圈:[2针短针,短针1针分2针]重复6次(计作24针)。

第5圈:[3针短针,短针1针分2针]重复6次(计作30针)。

第6圈:2针短针,短针1针分2针,[4针短针,短针1针分2针]重复5次,2针短针(计作36针)。

第7圈:[5针短针,短针1针分2针]重复6次(计作42针)。

第8圈:3针短针,短针1针分2针,[6针短针,短针1针分2针]重复5次,3针短针(计作48针)。

第9圈:[短针1针分2针,1针爆米花针,4针短针,短针1针分2针]重复6次(计作54针)。

第10圈:4针短针,短针1针分2针,[8针短针,短针1针分2针]重复5次,4针短针(计作60针)。

第11圈:[9针短针,短针1针分2针]重复6次(计作66针)。

第12圈:5针短针,短针1针分2针,3针短针,1针爆米花针,6针短针,短针1针分2针,1针爆米花针,[9针短针,短针1针分2针,1针爆米花针]重复4次,4针短针(计作72针)。

第13圈:[11针短针,短针1针分2针]重复6次(计作78针)。

第14圈:6针短针,短针1针分2针,1针短针,1针爆米花针,6针短针,1针爆米花针,3针短针,短针1针分2针,1针短针,1针爆米花针,10针短针,短针1针分2针,[12针短针,短针1针分2针]重复3次,6针短针(计作84针)。

第15圈:5针短针,1针爆米花针,7针短针,短针1针分2针,5针短针,1针爆米花针,7针短针,短针1针分2针,[13针短针,短针1针分2针]重复4次(计作90针)。

第16圈:7针短针,短针1针分2针,4针短针,1针爆米花针,3针短针,短针1针分2针,7针短针,1针爆米花针,4针短针,1针爆米花针,1针短针,[短针1针分2针,9针短针,1针爆米花针,4针短针]重复2次,短针1针分2针,1针短针,1针爆米花针,10针短针,1针爆米花针,1针短针,短针1针分2针,7针短针(计作96针)。

第17圈:[只挑后半针钩15针短针,只挑后半针钩短针1针分2针]重复6次(计作102针)。

不要打结收尾;继续钩编盖子背面。

盖子背面

摘掉记号扣,在标记针和之后的2针内钩1针引拔针。

第1圈:3针锁针,3针长针,长针2针并1针,[4针长针,长针2针并1针]重复16次,引拔连接至第3针锁针(计作85针)。

第2圈:3针锁针,3针长针,长针2针并1针,[4针长针,长针2针并1针]重复13次,1针长针,引拔连接至第3针锁针(计作71针)。

第3圈:3针锁针,1针长针,长针2针并1针,[2针长针,长针2针并1针]重复16次,1针长针,长针2针并1针,引拔连接至第3针锁针(计作53针)。

第4圈:3针锁针,1针长针,长针2针并1针,[2针长针,长针2针并1针]重复12次,1针长针,引拔连接至第3针锁针(计作40针)。

第5圈:3针锁针,长针2针并1针,[1针长针,长针2针并1针]重复12次,1针长针,引拔连接至第3针锁针(计作27针)。

第6圈:3针锁针,长针2针并1针,[1针长针,长针2针并1针]重复8次,引拔连接至第3针锁针(计作18针)。

第7圈:钩短针并针一圈收口。

打结收尾。

连接盖子

身体和盖子正面相对,将线接到身体第38圈未钩的任意一针的后半针上,将钩针插入身体线圈,然后将钩针插入盖子第17圈的任意一针内,将线从这2针内拉出,针上绕线,从2个线圈内拉出。在之后的50针内重复用短针连接。打结收尾。

提手

用主色线，留出一段长线尾，钩108针锁针。

第1行： 只挑后半针钩每一针锁针，跳过1针，在第2~108个锁针内各钩1针引拔针，1针锁针，翻面（计作107针）。

第2行： 在每针内各钩1针引拔针，翻面，引拔连接至第9针，形成一个圈。

打结收尾，留出一段长线尾用于将提手缝到身体上。

将提手的另一端缝到第9针上，形成一个圈。

将一个提手缝在身体的一侧，位于连接处下方约2.5cm处。重复这一步骤，将另一个提手缝在身体另一侧。

福灵剂坩埚

底部

用主色线，按照迷情剂坩埚相同的方法制作1个底部。

身体

第1圈： 只挑后半针钩1圈短针（计作120针）。

第2~15圈： 钩1圈短针。

第16圈（减针圈）：［18针短针，短针2针并1针］重复6次（计作114针）。

第17、18圈： 钩1圈短针。

第19圈（减针圈）：［17针短针，短针2针并1针］重复6次（计作108针）。

第20、21圈： 钩1圈短针。

第22圈（减针圈）：［16针短针，短针2针并1针］重复6次（计作102针）。

第23~30圈： 钩1圈短针。

第31圈： 钩1圈中长针。

第32圈（钩中长针的后线）： 中长针只挑后线钩1圈短针。

第33圈： 钩1圈短针。

第34~39圈： 重复第31~33圈。

第40圈： 钩1圈短针。

第41圈： 摘掉记号扣，在标记针和之后的2针内各钩1针引拔针（共3针引拔针），钩1针锁针，在每一针和一圈起始处的3针引拔针内各只挑前半针钩1针短针，连接至第1针短针，钩1针锁针，翻面（计作102针）。

第42圈（加针圈）： 钩［16针短针，短针1针分2针］重复6次，引拔连接至第1针短针（计作108针）。

打结收尾。

盖子

用配色线，只挑后半针钩短针，按照迷情剂底部第1~17圈的方法钩前17圈，然后按照迷情剂盖子背面相同的方法钩盖子背面。

用迷情剂坩埚相同的方法将盖子连接到身体上，用短针将身体第41圈未钩的51个后半针和盖子第16圈未钩的线圈钩在一起。

提手

按照迷情剂坩埚相同的方法制作提手并连接到身体上。

复方汤剂坩埚

底部

用主色线，按照迷情剂坩埚相同的方法制作1个底部。

身体

第1圈： 在每一针内只挑后半针钩短针（计作120针）。

第2~6圈： 钩1圈短针。

第7圈： 钩1圈中长针。

第8圈（减针圈）：［只挑后半针钩18针短针，只挑后半针钩短针2针并1针］重复6次（计作114针）。

第9、10圈： 钩1圈短针。

第11圈（减针圈）：［17针短针，短针2针并1针］重复6次（计作108针）。

第12圈： 钩1圈短针。

第13圈（减针圈）：［16针短针，短针2针并1针］重复6次（计作102针）。

第14~39圈： 钩1圈短针。

［**注**］在后面的7圈进行提花编织，在每一圈的末端连接。用主色线和配色线钩编。

第40圈： 摘掉记号扣，在标记针内和之后的2针内各钩1针引拔针，1针锁针，［用主色线钩4针短针，用配色线钩1针短针，用主色线钩7针短针，用配色线钩3针短针，用主色线钩2针短针］重复6次，引拔连接至第1针短针。

第41圈： 1针锁针，［用主色线钩4针短针，用配色线钩2针短针，用主色线钩2针短针，用配色线钩2针短针，用主色线钩1针短针，用配色线钩5针短针，用主色线钩1针短针］重复6次，引拔连接至第1针短针。

第42圈： 1针锁针，［用主色线钩3针短针，用配色线钩3针短针，用主色线钩1针短针，用配色线钩10针短针］重复6次，引拔连接至第1针短针。

第43圈： 1针锁针，［用主色线钩2针短针，用配色线钩15针短针］重复6次，引拔连接至第1针短针。

剪断主色。

第44、45圈： 只用配色线钩1针锁针，每针内各钩1针短针，引拔连接至第1针短针。

第46圈：只用配色线钩1针锁针，每针内各只挑前半针钩1针短针，引拔连接至第1针短针。

打结收尾。

盖子

用配色线，按照迷情剂底部第1~16圈的方法钩前16圈（计作96针）。

第17圈（只钩后半针）：［只挑后半针钩15针短针，只挑后半针钩短针1针分2针］重复6次（计作102针）。

不要打结收尾；继续钩背面。

按照迷情剂坩埚盖子背面相同的方法钩背面。

按照迷情剂坩埚相同的方法将盖子连接到身体上，用短针将身体第45圈未钩的后半针和盖子第16圈未钩的线圈钩在一起。

提手（制作2个）

用主色线，留出一段长线尾，钩22针锁针。

第1行（每针锁针只钩后半针）：跳过1针，在第2针锁针和之后的6针锁针内各钩1针引拔针，1针爆米花针，在之后的13针锁针内各钩1针引拔针，1针锁针，翻面（计作21针）。

第2行：在每针内各钩1针引拔针。

打结收尾，留出一段长线尾用于将提手缝到身体上。

连接提手

在身体第43圈找到有2针主色短针的位置。折叠提手靠近爆米花针的一端，将提手的前3针缝到2针主色短针和下面的一行上。在身体上向下跳过4行，折叠提手的另一端，将提手的最后2针缝到身体上。将第2个提手缝在身体的另一侧。

魔法背后

直到电影《哈利·波特与混血王子》开拍，道具部门已经准备了一千多个大小不一的瓶瓶罐罐，存放于魔药课的教室和办公室，每个上面都贴有由平面设计团队创作的手写标签。

"在我的课堂上，可不许胡乱挥舞魔杖，没事乱念咒语。

其实呢，我想你们不会有很多人懂得欣赏制魔药这门深奥的科学和精密的工艺。

然而对那些少数的优等生，那些真正有那意向的人，

我可以教你们如何对心灵施魔法，如何使感官入圈套。

我会教你们贮藏名气，酿造辉煌……甚至能教你们如何造出长生不老药。"

斯内普教授　电影《哈利·波特与魔法石》

左图：斯拉格霍恩教授的魔药课教室场景

右图（上）：在电影《哈利·波特与魔法石》中，哈利在上第一堂魔药课

右图（下）：在电影《哈利·波特与混血王子》中，西莫·斐尼甘引爆了魔药

金色飞贼婴儿毯

GOLDEN SNITCH BABY BLANKET

设计：海莉·贝利（Hailey Bailey）

难度系数 ⚡⚡

尺码
均码

成品尺寸
宽度： 91.5cm
长度： 81.5cm

毛线
BERROCO Comfort，#4 粗（50% 特级腈纶，50% 特级尼龙，193m/100g/ 团）
线 A： #9770 灰烬色，6 团
线 B： #9701 象牙色，1 团
线 C： #9743 秋麒麟（明黄色），1 团

钩针
· 5mm 钩针或达到编织密度所需型号

辅助材料和工具
· 缝针
· 可选：45mm 绒球制作器

编织密度
· 使用 5mm 钩针钩短针
  10cm × 10cm=14 针 × 20 行
编织密度对这个作品而言并不重要，但是所用的毛线重量和钩针型号会影响成品尺寸。

（下转第 162 页）

在电影《哈利·波特与魔法石》中，当哈利学习如何进行魁地奇比赛时，金色飞贼首次出现。哈利是天赋颇深的找球手（Seeker），而金色飞贼则是哈利故事中不可或缺的一部分，贯穿整个剧情。在 "哈利·波特" 系列的最后一部电影《哈利·波特与死亡圣器（下）》中，哈利打开了邓布利多留下的金色飞贼，取出藏在它里面的复活石。

虽然电影中的金色飞贼是用电脑制作的，但团队在设计上非常小心，以确保这个小小的金属球的运动符合空气动力学原理。在考虑了许多不同的设计方案后，最终金色飞贼呈现的形态是一个带有可伸缩翅膀的空心球，翅膀轻轻地卷在里面。"从理论上来讲"，制作设计师斯图尔特·克莱格说，"它的翅膀会缩回到球面的凹槽中，这时金色飞贼整体会恢复成球形。"

这款婴儿毯是以重复的金色飞贼图案组合而成，采用立体的针法钩编，使它们可以从织物上凸显出来。每个金色飞贼图案的两侧都有一对小小的翅膀，在灰色背景的衬托下显得格外金光灿灿。毯子的四周缝有大大的金色绒球，使它更加俏皮可爱。通过重复的花样编织，我们可以很轻松的改变这款婴儿毯的尺寸。它是每一个魁地奇球迷都会喜欢的完美舒适的家居用品。

（上接第 161 页）

[注]

- 在整个编织过程中锁针不计作 1 针。
- 在钩短针换颜色时，用新线完成最后 1 个针上绕线，将新线从最后 2 个线圈中拉出。在钩泡泡针换颜色时，将绕线从 6 个线圈拉出后，换新线钩 1 针锁针，完成泡泡针。
- 为了减少在整个编织过程中带线，在每个飞贼的白色和金色部分使用小团线球。在钩编飞贼时，将灰色线包在里面钩，轮到灰色时就换回灰色线。为了改善带线的外观，在正面钩（泡泡针突出的一面）时包住毛线，反面钩时将渡线放下。然后当再次钩正面的下一行时，将之前放下的毛线包着钩编。

特殊针法

泡泡针：用线 C，[针上绕线，将钩针插入 1 针内，从该针内拉出 1 个线圈。针上绕线，从 2 个线圈中拉出] 重复 5 次。现在钩针上有 6 个线圈。针上绕线，从钩针上的 6 个线圈中一次性拉出。用线 A 钩 1 针锁针。

"他抓到了飞贼！
哈利·波特抓到了金色飞贼，
他获得 150 分！"

李·乔丹　电影《哈利·波特与魔法石》

毛毯

使用线 A 钩 130 针锁针。

第 1 行：跳过 1 针，在第 2~130 针锁针内各钩 1 针短针，翻面（计作 129 针）。

第 2~12 行：1 针锁针，129 针短针，翻面（计作 129 针）。

第 13 行：1 针锁针，13 针短针，使用线 B 钩 1 针短针，使用线 A 钩 2 针短针，使用线 C 钩 1 针泡泡针，使用线 A 钩 2 针短针，使用线 B 钩 1 针短针，[使用线 A 钩 17 针短针，使用线 B 钩 1 针短针，使用线 A 钩 2 针短针，使用线 C 钩 1 针泡泡针，使用线 A 钩 2 针短针，使用线 B 钩 1 针短针] 重复 4 次，使用线 A 钩 13 针短针，翻面。

第 14 行：1 针锁针，使用线 A 钩 12 针短针，使用线 B 钩 4 针短针，使用线 A 钩 1 针短针，使用线 B 钩 4 针短针，[使用线 A 钩 15 针短针，使用线 B 钩 4 针短针，使用线 A 钩 1 针短针，使用线 B 钩 4 针短针] 重复 4 次，使用线 A 钩 12 针短针，翻面。

第 15 行：1 针锁针，使用线 A 钩 10 针短针，使用线 B 钩 5 针短针，使用线 A 钩 3 针短针，使用线 B 钩 5 针短针，[使用线 A 钩 11 针短针，使用线 B 钩 5 针短针，使用线 A 钩 3 针短针，使用线 B 钩 5 针短针] 重复 4 次，使用线 A 钩 10 针短针，翻面。

第 16 行：1 针锁针，使用线 A 钩 9 针短针，使用线 B 钩 5 针短针，使用线 A 钩 5 针短针，使用线 B 钩 5 针短针，[使用线 A 钩 9 针短针，使用线 B 钩 5 针短针，使用线 A 钩 5 针短针，使用线 B 钩 5 针短针] 重复 4 次，使用线 A 钩 9 针短针，翻面。

第 17~28 行：1 针锁针，129 针短针，翻面。

第 29 行：1 针锁针，使用线 A 钩 25 针短针，使用线 B 钩 1 针短针，使用线 A 钩 2 针短针，使用线 C 钩 1 针泡泡针，使用线 A 钩 2 针短针，使用线 B 钩 1 针短针，[使用线 A 钩 17 针短针，使用线 B 钩 1 针短针，使用线 A 钩 2 针短针，使用线 C 钩 1 针泡泡针，使用线 A 钩 2 针短针，使用线 B 钩 1 针短针] 重复 3 次，使用线 A 钩 25 针短针，翻面。

第 30 行：1 针锁针，使用线 A 钩 24 针短针，使用线 B 钩 4 针短针，使用线 A 钩 1 针短针，使用线 B 钩 4 针短针，[使用线 A 钩 15 针短针，使用线 B 钩 4 针短针，使用线 A 钩 1 针短针，使用线 B 钩 4 针短针] 重复 3 次，使用线 A 钩 24 针短针，翻面。

第 31 行：1 针锁针，使用线 A 钩 22 针短针，使用线 B 钩 5 针短针，使用线 A 钩 3 针短针，使用线 B 钩 5 针短针，[使用线 A 钩 11 针短针，使用线 B 钩 5 针短针，使用线 A 钩 3 针短针，使用线 B 钩 5 针短针] 重复 3 次，使用线 A 钩 22 针短针，翻面。

第 32 行：1 针锁针，使用线 A 钩 21 针短针，使用线 B 钩 5 针短针，使用线 A 钩 5 针短针，使用线 B 钩 5 针短针，[使用线 A 钩 9 针短针，使用线 B 钩 5 针短针，使用线 A 钩 5 针短针，使用线 B 钩 5 针短针] 重复 3 次，使用线 A 钩 21 针短针，翻面。

第 33~44 行：1 针锁针，129 针短针，翻面。

第 45~140 行：重复第 13~44 行 3 次。

第 141~156 行：重复第 13~28 行 1 次。

第 157 行：1 针锁针，沿着整个毯子的边缘钩逆短针，在每一针内钩 1 针，每个角钩 1 针，在钩毯子侧边偶数空隙钩 1 针短针；在完成后引拔连接至第 1 针逆短针。

打结收尾。

完成

藏好线头。

可选：使用线 C 和绒球制作器，制作 4 个绒球。在毛毯的每个角固定 1 个绒球。

编织图

- ☐ 使用线 A 钩 1 针短针
- ☐ 使用线 B 钩 1 针短针
- ☒ 使用线 C 钩 1 针泡泡针

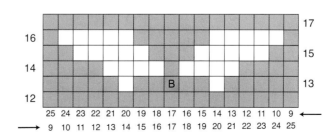

魁地奇学院
横幅挂毯
QUIDDITCH
BANNER

设计：阿米娜塔·恩迪亚耶（Aminata Ndiaye）

难度系数 ⚡⚡

魁地奇是一种由巫师们骑着飞天扫帚在空中进行的球类比赛。因此在魁地奇球场中，"围绕球场的塔楼必须建在球迷们可以真正看到选手动作的位置上。"制作设计师斯图尔特·克莱格解释道。鉴于霍格沃茨的旁边就是广阔的森林，布景设计师认为魁地奇球场应该有一种中世纪的感觉，就像举办一场古老的争霸赛。正因如此，塔楼是以每支球队所在学院的代表颜色和标志进行装饰的，塔楼外悬挂着长长的代表各个学院的横幅，顶部挂有魁地奇旗帜。随着电影的进展，塔楼变得更高，数量也变得更多。

这幅挂毯灵感来自电影中的魁地奇塔楼。挑选你最喜欢的学院颜色编织花样，然后按顺序排列图案，最后用一根圆木棍把它悬挂起来，庆祝魁地奇比赛的胜利。

成品尺寸

每个图案
宽度： 24cm
长度： 16.5cm

组装好的横幅
宽度： 48cm
长度： 82.5cm

毛线
CASCADE YARNS 220 Superwash®
Aran, #4 粗（100% 超耐水洗美丽奴
羊毛，137.5m/100g/ 团）。
每种线 3 团。

格兰芬多
线 A: #809 正红色
线 B: #241 向日葵

赫奇帕奇
线 A: #821 黄水仙
线 B: #815 黑色

拉文克劳
线 A: #813 蓝丝绒
线 B: #875 羽毛灰

斯莱特林
线 A: #801 军绿色
线 B: #900 木炭灰

钩针
• 5mm 钩针或达到编织密度所需型号

辅助材料和工具
• 直径 10mm 木棍，长度 61cm（可选）
• 缝针

（下转第 166 页）

（上接第165页）

编织密度

• 10cm×10cm=17针×17行

编织密度对这个作品而言并不重要，但是所用毛线的重量和钩针型号会影响成品的尺寸。

[注]

• 图案正面朝向自己，片钩提花图案。每个图案含27行，每行41针短针。
• 在每行的末端，打结收尾并藏好线尾。在上一行的第1针开始钩编新的一行。
• 制作10个长方形（每个图案2个）。按照缝合图，将10个长方形缝合在一起形成旗帜。
• 同时使用2种颜色的线。在作品反面带线。
• 通过将线连接到上一行的第1针开始新的一行，钩1针锁针（不计针数），然后按照编织图上的说明进行钩编。
• 换色时，提前加入新线完成换色前的最后1针。

特殊针法

只挑后半针钩短针2针并1针：将钩针插入第1针短针的后半针，拉出1个线圈，将钩针插入下一针短针的后半针，拉出1个线圈，针上绕线，从钩针上的3个线圈中一次性将线拉出。

只挑后半针钩短针3针并1针：将钩针插入第1针短针的后半针，拉出1个线圈，将钩针插入下一针短针的后半针，拉出1个线圈，将钩针插入再下一针短针的后半针，针上绕线，从钩针上的4个线圈中一次性将线拉出。

图案1（制作2个）

用线A钩42针锁针。

第1行：跳过1针，在第2针锁针内钩1针短针；用线B钩12针短针；用线A钩12针短针；用线B钩12针短针；用线A钩4针短针，打结收尾（计作41针）。

第2行：用线A钩3针短针；用线B钩12针短针；用线A钩12针短针；用线B钩12针短针；用线A钩2针短针，打结收尾。

第3行：用线A钩5针短针；用线B钩12针短针；用线A钩12针短针；用线B钩12针短针，打结收尾。

第4行：用线A钩7针短针；用线B钩12针短针；用线A钩12针短针；用线B钩10针短针，打结收尾。

第5行：用线A钩9针短针；用线B钩12针短针；用线A钩12针短针；用线B钩8针短针，打结收尾。

第6行：用线A钩11针短针；用线B钩12针短针；用线A钩12针短针；用线B钩6针短针，打结收尾。

第7行：用线B钩1针短针；用线A钩12针短针；用线B钩12针短针；用线A钩12针短针；用线B钩4针短针，打结收尾。

第8行：用线B钩3针短针；用线A钩12针短针；用线B钩12针短针；用线A钩12针短针；用线B钩2针短针，打结收尾。

第9行：用线B钩5针短针；用线A钩12针短针；用线B钩12针短针；用线A钩12针短针，打结收尾。

第10行：用线B钩7针短针；用线A钩12针短针；用线B钩12针短针；用线A钩10针短针，打结收尾。

第11行：用线B钩9针短针；用线A钩12针短针；用线B钩12针短针；用线A钩8针短针，打结收尾。

第12行：用线B钩11针短针；用线A钩12针短针；用线B钩12针短针；用线A钩6针短针，打结收尾。

第13行：用线A钩1针短针；用线B钩12针短针；用线A钩12针短针；用线B钩12针短针；用线A钩4针短针，打结收尾。

第14~25行：重复第2~13行。

第26~27行：重复第2、3行。

图案2（制作2个）

用线A钩42针锁针。

第1行：用线A，跳过1针，在第2~42针锁针内各钩1针短针，打结收尾（计作41针）。

第2行：用线A钩41针短针，打结收尾。

第3行：用线B钩1针短针，[用线A钩9针短针；用线B钩1针短针]重复4次，打结收尾。

第4行：用线B钩2针短针，[用线A钩7针短针；用线B钩3针短针]重复3次，用线A钩7针短针；用线B钩2针短针，打结收尾。

第5行：用线B钩3针短针，[用线A钩5针短针；用线B钩5针短针]重复3次，用线A钩5针短针；用线B钩3针短针，打结收尾。

第6~8行：用线B钩4针短针，[用线A钩3针短针；用线B钩7针短针]重复3次，用线A钩3针短针；用线B钩4针短针，打结收尾。

第9行：用线B钩5针短针，[用线A钩1针短针；用线B钩9针短针]重复3次，用线A钩1针短针；用线B钩5针短针，打结收尾。

第10行：用线A钩41针短针，打结收尾。

第11行：用线A钩5针短针，[用线B钩1针短针；用线A钩9针短针]重复3次，用线B钩1针短针；用线A

钩5针短针，打结收尾。

第12行：用线A钩4针短针，[用线B钩3针短针；用线A钩7针短针]重复3次，用线B钩3针短针；用线A钩4针短针，打结收尾。

第13行：用线A钩3针短针，[用线B钩5针短针；用线A钩5针短针]重复3次，用线B钩5针短针；用线A钩3针短针，打结收尾。

第14~16行：用线A钩2针短针，[用线B钩7针短针；用线A钩3针短针]重复3次，用线B钩7针短针；用线A钩2针短针，打结收尾。

第17行：用线A钩1针短针，[用线B钩9针短针；用线A钩1针短针]重复4次，打结收尾。

第18~25行：重复第2~9行。

第26、27行：重复第2行。

图案3（制作2个）

用线B钩42针锁针。

第1行：用线B，跳过1针，在第2~42针锁针内各钩1针短针，打结收尾（计作41针）。

第2行：用线B钩12针短针；用线A钩1针短针；用线B钩15针短针；用线A钩1针短针；用线B钩12针短针，打结收尾。

第3行：用线B钩10针短针；用线A钩5针短针；用线B钩11针短针；用线A钩5针短针；用线B钩10针短针，打结收尾。

第4行：用线B钩9针短针，短针1针分2针；用线A，只挑后半针钩短针2针并1针，1针短针，只挑后半针钩短针2针并1针；用线B钩短针1针分2针，9针短针，短针1针分2针；用线A只挑后半针钩短针2针并1针，1针短针，只挑后半针钩短针2针并1针；用线B钩短针1针分2针，9针短针，打结收尾。

第5行：用线B钩11针短针；用线A钩3针短针；用线B钩13针短针；用线A钩3针短针；用线B钩11针短针，打结收尾。

第6行：用线B钩10针短针，短针1针分2针；用线A只挑后半针钩短针3针并1针；用线B钩短针1针分

2针，11针短针，短针1针分2针；用线A只挑后半针钩短针3针并1针，用线B钩短针1针分2针，10针短针，打结收尾。

第7行：用线B钩12针短针；用线A钩1针短针；用线B钩15针短针；用线A钩1针短针；用线B钩12针短针，打结收尾。

第8行：用线B钩10针短针；用线A钩1针短针；用线B钩3针短针；用线A钩1针短针；用线B钩11针短针；用线A钩1针短针；用线B钩3针短针；用线A钩1针短针；用线B钩10针短针，打结收尾。

第9行：用线B钩12针短针；用线A钩1针短针；用线B钩15针短针；用线A钩1针短针；用线B钩12针短针，打结收尾。

第10行：用线B钩41针短针，打结收尾。

第11行：用线B钩4针短针，[用线A钩1针短针；用线B钩15针短针]重复2次；用线A钩1针短针；用线B钩4针短针，打结收尾。

第12行：用线B钩2针短针，[用线A钩5针短针；用线B钩11针短针]重复2次；用线A钩5针短针；用线B钩2针短针，打结收尾。

第13行：用线B钩1针短针，短针1针分2针；[用线A只挑后半针钩短

针2针并1针，1针短针，只挑后半针钩短针2针并1针；用线B钩短针1针分2针，9针短针，短针1针分2针]重复2次；用线A只挑后半针钩短针2针并1针，1针短针，只挑后半针钩短针2针并1针；用线B钩短针1针分2针，1针短针，打结收尾。

第14行：用线B钩3针短针，[用线A钩3针短针；用线B钩13针短针]重复2次；用线A钩3针短针；用线B钩3针短针，打结收尾。

第15行：用线B钩2针短针，短针1针分2针；[用线A只挑后半针钩短针3针并1针；用线B钩短针1针分2针，11针短针，短针1针分2针]重复2次；用线A只挑后半针钩短针3针并1针；用线B钩短针1针分2针，2针短针，打结收尾。

第16行：用线B钩2针短针，[用线A钩1针短针；用线B钩3针短针；用线A钩1针短针；用线B钩11针短针]重复2次；用线A钩1针短针；用线B钩3针短针；用线A钩1针短针；用线B钩2针短针，打结收尾。

第17行：用线B钩4针短针，[用线A钩1针短针；用线B钩15针短针]重复2次；用线A钩1针短针；用线B钩4针短针，打结收尾。

第18行：用线B钩41针短针，打结收尾。

第19~27行：重复第2~10行。

图案4(制作2个)

为了与其他图案保持相同的织物密度，在反面带线，在每行末端打结收尾。

用线B钩42针锁针。

第1行：用线A，跳过1针，在第2~42针锁针内各钩1针短针，打结收尾（计作41针）。

第2行：用线A钩21针短针；用线B钩20针短针，打结收尾。

第3~14行：重复第2行。

第15行：用线B钩21针短针；用线A钩20针短针，打结收尾。

第16~27行：重复第15行。

图案5(制作2个)

为了与其他图案保持相同的织物密度，在反面带线，在每行末端打结收尾（只从一个方向钩编）。

用线A钩42针锁针。

第1行：跳过1针，在第2~42针锁针内各钩1针短针，打结收尾（计作41针）。

第2~27行：钩41针短针，打结收尾。

组装

藏好线尾。

从缝合图的左下角开始向上组装，在图案的反面钩编，用引拔针将图案5和图案4连接，图案4和图案2连接，图案2和图案3连接，图案3和图案1连接。放在一旁。

从缝合图的右下角开始，重复相同的连接方法，将图案2和图案1连接，图案1和图案3连接，图案3和图案5连接，图案5和图案4连接。

用缝针，将两个长条缝在一起，对齐边缘。

藏好线尾。

悬挂横幅挂毯

可以使用图钉、挂画条、窗帘杆或木棍将挂毯挂在墙上。如果选择木棍或窗帘杆，需要按如下步骤钩一个套管放在挂毯上方：

用线A，在挂毯上边缘钩编，钩3行短针。横向对折，然后将边缘缝在挂毯背面。将木棍插在套管里。

绳子

按如下步骤制作2根绳子连接在木棍的两端：

钩81针锁针。

第1行：跳过1针，在第2~81针锁针内各钩1针引拔针，翻面，引拔连接至第6针形成一个圈。

打结收尾。

将木棍的一端穿过第1根绳子的圈，然后将木棍的另一端穿过第2根绳子的圈。将2根绳子的两端系在一起。

图案1	图案4
图案3	图案5
图案2	图案3
图案4	图案1
图案5	图案2

缝合图

魔法背后

　　为了拍摄魁地奇的比赛场景，飞天扫帚被安装在几米高的动力装置上。在蓝幕背景下，演员们在装置上摇晃以模拟飞行场景。随着电影的发展和演员年龄的增长，装置也在改进，它可以升得更高，能够承受更多的重量。"在最后一场魁地奇比赛中，我们考虑到选手都是成年男子，"制作设计师斯图尔特·克莱格说，"这意味着有不同的技术需求。"

上图：亚当·布罗克班克绘制的学生前往魁地奇球场的概念艺术图

下图：在电影《哈利·波特与密室》中哈利·波特和德拉科·马尔福追逐金色飞贼的概念艺术图，同样出自布罗克班克

编织图

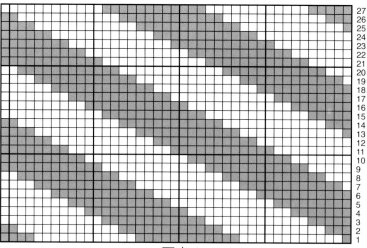

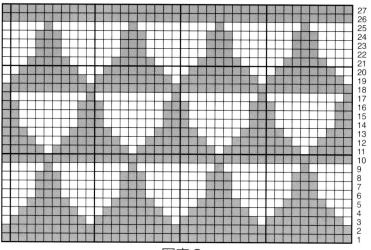

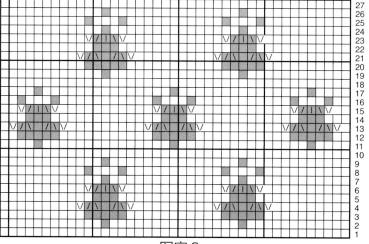

使用线 A 钩 1 针短针

使用线 B 钩 1 针短针

使用线 A 只挑后半针钩短针 3 针并 1 针

使用线 A 只挑后半针钩短针 2 针并 1 针

使用线 B 钩短针 1 针分 2 针

图案 1

图案 2

图案 3

"我们的任务就是确保你不被打的七歪八斜。

但不可能没事的。魁地奇很野蛮。"

"很残酷，可从来没死过人。

赛后偶尔有的人不见了，可过一两个月又出现了。"

弗雷德·韦斯莱，乔治·韦斯莱

电影《哈利·波特与魔法石》

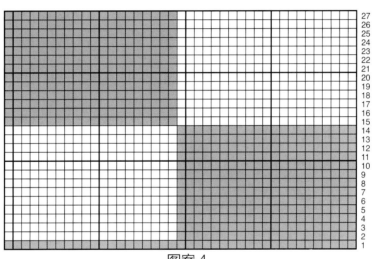

图案 4

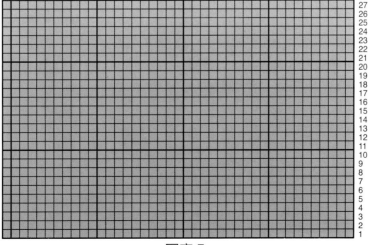

图案 5

原文书名：Harry Potter: Crochet Wizardry
原作者名：Lee Sartori

Copyright © 2023 Warner Bros. Entertainment Inc. WIZARDING WORLD characters, names and related indicia are © & ™ Warner Bros. Entertainment Inc. WB SHIELD: © & ™ WBEI. Publishing Rights © JKR. (s23)

Published by arrangement with Insight Editions, LP, 800 A Street, San Rafael, CA 94901, USA, www.insighteditions.com

No Part of this book may be reproduced in any form without written permission from the publisher

本书中文简体版经INSIGHT EDITIONS授权，由中国纺织出版社有限公司独家出版发行。本书内容未经出版者书面许可，不得以任何方式或任何手段复制、转载或刊登。

著作权合同登记号：图字：01-2023-3916

图书在版编目（CIP）数据

哈利·波特魔法钩针／（加）李·萨托里著；柚柚茶译. -- 北京：中国纺织出版社有限公司，2024.1
　　书名原文：Harry Potter Crochet Wizardry
　　ISBN 978-7-5229-0276-0

　　Ⅰ.①哈… Ⅱ.①李… ②柚… Ⅲ.①钩针—编织 Ⅳ.①TS935.521

中国版本图书馆CIP数据核字（2022）第254247号

责任编辑：刘 茸　　特约编辑：周 蓓 刘 娟
责任校对：王蕙莹　　责任印制：王艳丽

中国纺织出版社有限公司出版发行
地址：北京市朝阳区百子湾东里 A407 号楼　邮政编码：100124
销售电话：010-67004422　传真：010-87155801
http://www.c-textilep.com
中国纺织出版社天猫旗舰店
官方微博 http://weibo.com/2119887771
北京华联印刷有限公司印刷　各地新华书店经销
2024 年 1 月第 1 版第 1 次印刷
开本：787×1092　1/16　印张：10.75
字数：289 千字　定价：148.00 元

凡购本书，如有缺页、倒页、脱页，由本社图书营销中心调换

致谢

　　感谢塔尼斯·格雷，是你在我身上看到了一点点"魔法"的光芒，才有了今天这本书。也感谢我的编辑希拉里·范登布鲁克（Hilary Vanden Broek），你从魔法世界中捕捉各种细节的能力无人能及。

　　非常感谢本书的设计师：艾米、罗恩、文森特、朱莉、艾米丽、海莉、马尔、艾丽莎、凛、布里特、埃米、萨拉、凯琳、吉莉安和玛丽。你们每个人都是独一无二的，我甚至可以幻想和你们一起在霍格沃茨大礼堂的餐桌上喝南瓜汁的场景。

　　我也很感谢我的家人。我的女儿爱玛 - 诺埃尔，你是我设计道路上的一盏明灯，非常感谢你的支持和超越年龄的理解。还要感谢我的儿子柯南，我的每一个新设计你都喜欢。还有我的丈夫肖恩，我爱你。

　　最后，感谢中国纺织出版社有限公司的出色团队将这本"魔法书"带给像我一样的远在中国的编织爱好者。